中文版

Photoshop+InDesign

商业案例项目设计 完全解析

郭娅娴 编著

U0265885

清华大学出版社

北 京

内 容 简 介

本书是一本商业案例用书，全方位地讲述了Photoshop与InDesign相结合在现实设计中常用的8类商业案例。本书共分为11章，前3章以基础内容为主、后8章以商业案例为主，具体包括配色与版式布局、Photoshop中的图像处理、InDesign中的版式要素及版式基础、卡片的设计与制作、DM版式设计与制作、户外媒体版式设计与制作、报纸广告及版式设计与制作、杂志广告及版式设计与制作、宣传海报及画册版式设计与制作、包装版式设计、网页设计等内容，涵盖了日常工作中所使用到的全部工具与命令，并涉及了各类平面设计行业中的常见任务。

本书资源包括书中案例的素材文件、效果文件，以及视频教学文件和PPT课件，方便读者在学习的过程中进行练习，以提高读者的兴趣、实际操作能力以及工作效率。

本书着重以案例形式讲解平面设计领域，针对性和实用性较强，不仅使读者巩固了学习的Photoshop与InDesign技术技巧，也可以作为读者在以后实际学习工作中的参考手册。本书适用于各大院校、培训机构的教学用书，以及读者自学Photoshop与InDesign的参考用书。

本书封面贴有清华大学出版社防伪标签，无标签者不得销售。

版权所有，侵权必究。侵权举报电话：010-62782989 13701121933

图书在版编目(CIP)数据

中文版 Photoshop+InDesign 商业案例项目设计完全解析 / 郭娅娴编著 . —北京：清华大学出版社，2020.6
ISBN 978-7-302-55442-4

Ⅰ . ①中… Ⅱ . ①郭… Ⅲ . ①平面设计—图象处理软件 Ⅳ . ① TP391.413

中国版本图书馆 CIP 数据核字 (2020) 第 085179 号

责任编辑：韩宜波
封面设计：李 坤
责任校对：周剑云
责任印制：丛怀宇

出版发行：清华大学出版社

   网 址：http://www.tup.com.cn，http://www.wqbook.com
   地 址：北京清华大学学研大厦 A 座   邮 编：100084
   社 总 机：010-62770175   邮 购：010-62786544
   投稿与读者服务：010-62776969，c-service@tup.tsinghua.edu.cn
   质 量 反 馈：010-62772015，zhiliang@tup.tsinghua.edu.cn

印 装 者：小森印刷（北京）有限公司
经 销：全国新华书店
开 本：190mm×260mm **印 张：**15.25 **字 数：**386 千字
版 次：2020 年 8 月第 1 版 **印 次：**2020 年 8 月第 1 次印刷
定 价：69.80 元

产品编号：084281-01

Adobe Photoshop，简称PS，Adobe InDesign简称ID，是由Adobe Systems开发和发行的图像处理软件和排版软件。Photoshop与InDesign作为Adobe公司旗下最著名的图像处理软件与排版软件，其应用范围覆盖整个图像处理、版式制作和平面设计行业中。

基于Photoshop与InDesign在平面设计行业的应用程度之高，所以本书将以基础部分和一些商业案例为主，介绍Photoshop与InDesign在平面设计行业中的具体操作方法。基础部分包括：配色与版式布局、两个软件的基础应用。商业案例的制作步骤包括：案例的设计思路、配色分析、构图布局、进行设计方案的制作。

本书介绍了使用Photoshop CC和InDesign CC中文版软件，并根据编者多年的平面设计工作经验，通过理论结合实际的操作形式，系统地介绍了Photoshop与InDesign软件在现实生活中涉及的领域。内容包括常用、实用的8个行业领域以及对应的基础部分，具体包括配色与版式布局、Photoshop 中的图像处理、InDesign 中的版式要素及版式基础、卡片的设计与制作、DM版式设计与制作、户外媒体版式设计与制作、报纸广告及版式设计与制作、杂志广告及版式设计与制作、宣传海报及画册版式设计与制作、包装版式设计、网页设计等内容。商业案例部分每章都会对多个案例进行详解和分析，并详细地解释操作步骤和方案设计，从中吸取一些美学和设计的理论知识，在各章中都列举了许多优秀的设计作品以供欣赏，希望读者在学习各章内容后通过欣赏优秀作品既能够缓解学习的疲劳，又能提升审美品位。

本书内容安排具体如下。

第1章为配色与版式布局。介绍配色与版式布局的基本知识，让大家能够在制作作品之前，对设计的相关基础知识有所了解。

第2章为Photoshop 中的图像处理。介绍为需要素材商品抠图、处理图像的色调、修复图像中存在的瑕疵。

第3章为InDesign 中的版式要素及版式基础。讲解点、线、面在版式设计上的构成及变化规律，同时也讲解一些关于InDesign中的参考线、框架的使用、设置分栏、文本绕图等常用操作和技巧。

第4章为卡片的设计与制作。主要讲述卡片设计的概述及作用、尺寸、设计原则、设计构图、种类等方面来学习卡片的设计。

第5章为DM版式设计与制作。主要讲述DM设计概述及作用、分类、组成要素、设计原则等方面来学习DM版式设计。

第6章为户外媒体版式设计与制作。主要讲述户外广告设计的概述与应用、特点、广告形式、制作要求等方面来学习户外媒体版式设计。

第7章为报纸广告及版式设计与制作。主要讲述报纸广告设计的概述与应用、分类、客户需求、优势与劣势等方面来学习报纸广告及版式设计。

第8章为杂志广告及版式设计与制作。主要讲述杂志广告设计的概述与应用、特点、常用类型、制作要求等方面来学习杂志广告及版式设计。

第9章为宣传海报及画册版式设计与制作。主要讲述从海报、画册的分类、构成要素等方面着手，为大家介绍海报及画册设计的相关基础知识。

第10章为包装版式设计。主要讲述包装设计的概述与应用、分类、构成要点等方面来学习包装设计。

第11章为网页设计。主要讲述网页设计的概述与应用、布局分类形式、制作要求、网页配色概念及网页安全色等方面来学习网页设计。

本书以简短的章节介绍了基础部分，运用Photoshop与InDesign软件的结合来完成商业案例的制作，力求以精简的操作步骤实现最佳的视觉设计效果。为了让读者更好地吸收知识，提高自己的创作水平，在案例制作讲解过程中，还给出了实用的软件功能技巧提示以及设计技巧提示，方便读者扩展学习。全书结构清晰、语言浅显易懂、案例丰富精彩，兼具实用手册和技术参考手册的特点，具有很强的实用性和较高的技术含量。

本书由淄博职业学院的郭娅娴老师编写，其他参与编写的人员还有王红蕾、陆沁、王蕾、吴国新、时延辉、戴时影、刘绍婕、尚彤、张叔阳、葛久平、孙倩、殷晓峰、谷鹏、胡渤、刘冬美、赵頔、张猛、齐新、王海鹏、刘爱华、张杰、张凝、王君赫、潘磊、周荣、周莉、金雨、陆鑫、刘智梅、陈美荣、曹培军等，在此表示感谢。

由于作者水平有限，书中难免有疏漏和不妥之处，恳请广大读者批评、指正。

编　者

第1章　配色与版式布局　001

目录

019　第2章　Photoshop中的图像处理

043　第3章　InDesign中的版式要素及版式基础

中文版Photoshop+InDesign商业案例项目设计完全解析

第4章　卡片的设计与制作　061

080 第5章 DM版式设计与制作

103 第6章 户外媒体版式设计与制作

中文版Photoshop+InDesign商业案例项目设计完全解析

第7章　报纸广告及版式设计与制作　122

第8章　杂志广告及版式设计与制作　146

168 第9章 宣传海报及画册版式设计与制作

第10章　包装版式设计　193

第11章　网页设计　214

中文版Photoshop+InDesign商业案例项目设计完全解析

本章重点：

- ➤ 色彩理论
- ➤ 色彩颜色管理
- ➤ 色彩对比
- ➤ 色彩对心理的影响
- ➤ 图像配色技巧

- ➤ 了解版式设计
- ➤ 版式设计的内容
- ➤ 版式设计的基本类型
- ➤ 版式设计的基本流程

01

第 1 章

配色与版式布局

对于一个完成的版式作品，能够带给浏览者的最初印象就是配色和版式，一个优秀的作品，在配色和布局上一定是有它的作用和风格的。

因为色彩是主导浏览者视觉的第一要素，它不但可以给浏览者留下深刻的印象，而且还可以产生很强烈的视觉效果。所以在设计作品时，在色彩格调的使用上需要深思熟虑。但是，并不是每个人都能够通过天生的色彩感在脑海中勾勒出比较好的色彩匹配，而是需要通过孜孜不倦的学习和脚踏实地的训练，才得以提高后天的色彩感。查看一个作品时，除了色彩以外最直接的印象应该就是该作品的版式布局了，也就是大家常说的版式构成，也就是各个元素在作品中的摆放位置。

本章将介绍配色与版式布局的基本知识，让大家能够在制作作品之前，对设计的相关基础知识有所了解。

1.1 色彩理论

色彩的美感能够提供给人精神、心理方面的享受，人们都会按照自己的偏好与习惯去选择乐于接受的色彩，用以满足各个方面的需求。而我们是如何感知颜色的呢？色彩又是用什么来决定的呢？下面就来讲解色彩与视觉以及色彩的三要素。

1.1.1 色彩与视觉原理

色彩与视觉直接体现的是通过大自然的光源将实物的颜色直接用眼睛感受的视觉效果，光与色是并存的关系，有光才有色。色彩感受也离不开光。

1. 光与可见光谱

光在物理学上是一种电磁波。从0.39微米到0.77微米波长的电磁波，才能引起人们的色彩视觉感受。此范围称为可见光谱，可见光引入三棱镜后，光线会被分离为红、橙、黄、绿、青、蓝、紫，因此自然光是七色光的混合，如图1-1所示。波长大于0.77微米称红外线，波长小于0.39微米称紫外线。

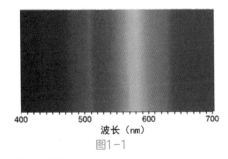

图1-1

2. 光的传播

光是以波动的形式进行直线传播的，有波长和振幅两个因素。不同的波长长短会产生色相差别。不同的振幅强弱大小会产生同一色相的明暗差别。光在传播时有直射、反射、透射、漫射、折射等多种形式。光直射时直接传入人眼，视觉感受到的是光源色。当光源照射物体时，光从物体表面反射出来，人眼感受到的是物体的表面色彩。当光照射时，如遇玻璃之类的透明物体，人眼看到的是透过物体的穿透色。光在传播过程中，受到物体的干涉时，则产生漫射，对物体的表面色有一定影响。如通过不同物体时产生方向变化，称为折射，反映至人眼的色光与物体色相同。

自然界的物体五花八门、变化万千，它们本身虽然大都不会发光，但都具有选择性地吸收、反射、透射色光的特性。当然，任何物体对色光不可能全部吸收或反射，因此，实际上不存在绝对的黑色或白色。

常见的黑、白、灰物体色中，白色的反射率是64%～92.3%；灰色的反射率是10%～64%；黑色的吸收率在90%以上。

物体对色光的吸收、反射或透射能力，受物体表面肌理状态的影响，表面光滑、平整、细腻的物体，对色光的反射较强，如镜子、磨光石面、丝绸织物等。表面粗糙、凹凸、疏松的物体，易使光线产生漫射现象，故对色光的反射较弱，如毛玻璃、呢绒、海绵等。

但是，物体对色光的吸收与反射能力虽是固定不变的，而物体的表面色却会随着光源色的不同而改变，有时甚至失去其原有的色相感觉。所谓物体"固有色"，实际上不过是常光下人们对此的习惯认知而已。如在闪烁、强烈的各色霓虹灯光照射下，所有建筑及物体几乎都失去了原有本色而显得多彩斑斓。另外，光照的强度及角度对物体色也有影响。

1.1.2 色彩分类

色彩具体可以分为无彩色和有彩色两种。

1. 无彩色

无彩色指的是由黑、白相混合组成的不同灰度的灰色系列，此颜色在光的色谱中是不能被看到的，所以被称为无彩色，如图1-2所示。

无彩色（黑、白、灰）
图1-2

由黑色和白色相搭配的图像，可以使内容更加清晰，可以是白底黑字，也可以是黑底白字，中间部分由灰色作为分割可以使整体看起来更加一致，无彩色的背景可以与任何的颜色进行搭配，如图1-3所示。

图1-3

2. 有彩色

凡带有某一种标准色倾向的色（也就是带有冷暖倾向的色），称为有彩色。光谱中的全部色都属有彩色。有彩色是无数的，它以红、绿、蓝为基本色。基本色之间不同量的混合，以及基本色与黑、白、灰（无彩色）之间不同量的混合，会产生成千上万种有彩色，如图1-4所示的色轮。

有彩色是指除了从白到黑的一系列中性灰色以外的各种颜色，如红、黄、蓝、绿、紫等。有彩色除了具有一定的明度值外，还具有彩度值（包括色调和鲜艳度）。

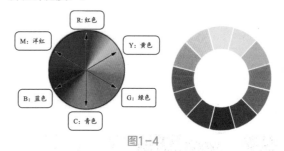

图1-4

（1）三原色：RGB颜色模式由红、绿、蓝三种颜色定义的原色主要运用到电子设备中，比如电视和计算机，但是在传统摄影中也有应用。在电子时代之前，基于人类对颜色的感知，RGB颜色模型已经有了坚实的理论支撑，如图1-5所示。

而在美术上则把红、黄、蓝定义为色彩三原色，但是品红加适量黄可以调出大红（红＝M100＋Y100），而大红却无法调出品红；青加适量品红可以得到蓝（蓝＝C100＋M100），而蓝加绿得到的却是不鲜艳的青；用黄、品红、青三色能调配出更多的颜色，而且纯正并鲜艳。用青加黄调出的绿（绿＝Y100＋C100），比蓝加黄调出的绿更加

中文版Photoshop+InDesign商业案例项目设计完全解析

纯正与鲜艳，而后者调出的却较为灰暗；品红加青调出的紫很纯正（紫=C20+M80），而大红加蓝只能得到灰紫；等等。此外，从调配其他颜色的情况来看，都是以黄、品红、青为其原色，色彩更为丰富、色光更为纯正而鲜艳（在3ds Max中，三原色为红、黄、蓝），如图1-6所示。

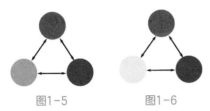

图1-5　　　　图1-6

（2）二次色：在RGB颜色模式中由红色+绿色变为黄色、红色+蓝色变为紫色、蓝色+绿色变为青色，如图1-7所示。在绘画中，三原色的二次色为红色+黄色变为橙色、黄色+蓝色变为绿色、蓝色+红色变为紫色，如图1-8所示。

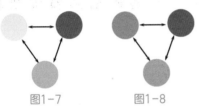

图1-7　　　　图1-8

将无彩色系排除所剩下的就是有彩色系，有彩色系包括基本色、基本色之间的混合色或基本色与无彩色之间的不同量的混合等，所产生的色彩都属于有彩色系。通过有彩色设计的作品在颜色中更能烘托出商品或为作品增加一些气氛，如图1-9所示。

图1-9

1.1.3　色彩三要素

视觉所感知的一切色彩形象，都具有明度、色相和纯度（饱和度）三种性质，这三种性质是色彩最基本的构成元素。

1. 明度

明度指的是色彩的明暗程度。在无彩色中，明度最高的色为白色，明度最低的色为黑色，中间存在一个从亮到暗的灰色系列，如图1-10所示。在有彩色中，任何一种纯度色都有自己的明度特征。例如，黄色为明度最高的色，处于光谱的中心位置，紫色是明度最低的色，处于光谱的边缘。一个彩色物体表面的光反射率越大，对视觉刺激的程度越大，看上去就越亮，这一颜色的明度就越高，如图1-11所示。

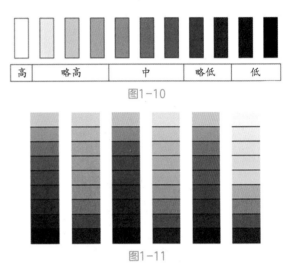

| 高 | 略高 | 中 | 略低 | 低 |

图1-10

图1-11

明度在三要素中具有较强的独立性，它可以不带任何色相的特征而通过黑白灰的关系单独呈现出来。色相与纯度则必须依赖一定的明暗才能显现，色彩一旦发生，明暗关系就会同时出现。我们在进行一幅素描时，需要把对象的有彩色关系抽象为明暗色调，这就要有对明暗的敏锐判断力。我们可以把这种抽象出来的明度关系看作色彩的骨骼，它是色彩结构的关键。

> **温馨提示**

在版式设计中，明度的应用主要用在为使用同一颜色时不同明暗的效果作品中。

2. 色相

色相指的是色彩的相貌。在可见光谱上，人的视觉能感受到红、橙、黄、绿、蓝、紫这些不同特征的色彩，人们给这些可以相互区别的色定出名称，当我们称呼到其中某一色的名称时，就会有一个特定的色彩印象，这就是色相的概念。正是由于色彩具有这种具体相貌的特征，我们才能感受到一个五彩缤纷的世界。

如果说明度是色彩隐秘的骨骼，色相就是色彩外表的华美肌肤。色相体现着色彩外向的性格，是色彩的灵魂。

在可见光谱中，红、橙、黄、绿、蓝、紫每一种色相都有自己的波长与频率，它们从短到长按顺序列，就像音乐中的音阶顺序，秩序而和谐。大自然偶尔将这些光谱的秘密呈现给我们，那就是雨后的彩虹。它是自然界中最美的景象，光谱中的色相发射着色彩的原始光辉，它们构成了色彩体系中的基本色相。

最初的基本色相为红、橙、黄、绿、蓝、紫。在各色中间加插一两个中间色，其头尾色相，按光谱顺序为红、橙红、橙、黄橙、黄、黄绿、绿、绿蓝、蓝绿、蓝、蓝紫、紫、红紫。在相邻的两个基本色相中间再加一个中间色，可制出十二基本色相，如图1-12所示。

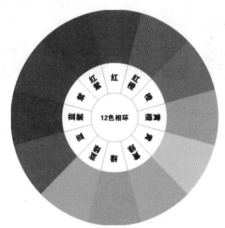

图1-12

这十二色相的彩调变化，在光谱色感上是均匀的。如果再进一步找出其中间色，便可以得到二十四个色相，如图1-13所示。

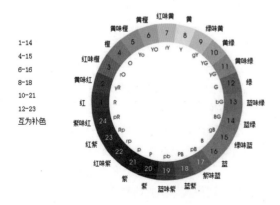

图1-13

温馨提示

在版式设计中，色相的应用主要用在为使用不同颜色制作出冷暖色调效果作品中。

3.纯度

纯度指的是色彩的鲜艳程度，它取决于一处颜色的波长单一程度。我们的视觉能辨认出的有色相感的色，都具有一定程度的鲜艳度，比如红色。当它混入了白色时，虽然仍具有红色相的特征，但它的鲜艳度降低了，明度提高了，成为淡红色；当它混入黑色时，鲜艳度降低了，明度变暗了，成为暗红色；当混入与红色明度相似的中性灰时，它的明度没有改变，纯度降低了，成为灰红色。如图1-14所示的图像为纯色色标。

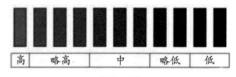

图1-14

不同的色相不但明度不等，纯度也不相等。例如，纯度最高的色是红色，黄色纯度也较高，但绿色就不同了，它的纯度几乎才是红色的一半。

在人的视觉中所能感受的色彩范围内，绝大部分是非高纯度的色，也就是说，大量都是含灰的色，有了纯度的变化，才使色彩显得极其丰富。

纯度体现了色彩内向的品格。同一个色相，即使纯度发生了细微的变化，也会带来色彩性格的变化。如图1-15所示的图像为纯度和纯度环对比图。

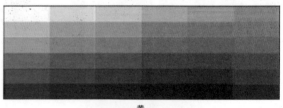

图1-15

温馨提示

在版式设计中，纯度的应用主要用在为色调降低鲜艳度或增加鲜艳度的效果作品中。

图1-16（续）

1.2 色彩颜色管理

颜色管理是使颜色空间保持一致的过程。也就是说，作为一个图像，在不同的显示器中显示、RGB和CMYK模式之间转换、在不同的应用程序中被打开或在不同的外部设备中打印，都应保持精确一致。

Photoshop管理颜色的一种方法就是通过使用国际协会（ICC）概貌来管理颜色。一个ICC概貌描述了颜色空间，这种颜色空间可以是显示器使用的特殊RGB颜色空间，也可以是编辑图像采用的RGB颜色空间，还可以是选择打印的彩色激光打印机的CMYK空间。ICC概貌正在变为图形工业的一个标准，可以帮助用户在不同的平台、设备、ICC兼容应用程序（如Photoshop和InDesign）之间很容易地精确复制颜色。一旦指定了概貌，Photoshop就可以将它们嵌入到图像文件中，这样Photoshop和其他能够使用ICC概貌的应用程序就可用图像文件中的ICC概貌来自动管理图像的颜色。

1.2.1 识别色域范围外的颜色

大多数扫描的照片在CMYK色域中都包含RGB颜色，将图像转换为CMYK模式会轻微地改变这些颜色。数字化创建的图像经常包含CMYK颜色色域以外的RGB颜色。

注意

色域范围以外的颜色可以被"颜色"面板、"拾色器"对话框和"信息"面板中颜色样本旁边的惊叹号来标识，如图1-16所示。

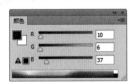

图1-16

要想查看当前图片是否存在色域范围的颜色，可以通过Photoshop来完成，色域外的颜色指的是打印时超出颜色范围，识别方法如下。

■ 操作步骤

01 启动Photoshop CC软件，打开一张背包女孩的素材图片，如图1-17所示。

02 执行菜单"视图|色域警告"命令，Photoshop将创建一个颜色转换表并用中性灰色显示在色域以外的颜色，如图1-18所示。

图1-17   图1-18

03 为了将颜色放到CMYK色域中，只要执行菜单"图像|模式|CMYK模式"命令，此时色域警告的颜色会消失，转换为CMYK模式后的效果如图1-19所示。

图1-19

1.2.2 色彩模式

色彩模式决定显示和打印电子图像的色彩模型（简单来说，色彩模型是用于表现颜色的一种数学算法），即一幅电子图像用什么样的方式在计算机中显示或打印输出。常见的色彩模式包括位图模式、灰度模式、双色调模式、HSB（表示色相、饱和度、亮度）模式、RGB（表示红、绿、蓝）模式、CMYK（表示青、洋红、黄、黑）模式、Lab模式、索引色模式、多通道模式以及8位/16位模式，每种模式的图像描述和重现色彩的原理及所能显示的颜色数量是不同的。色彩模式除确定图像中能显示的颜色数外，还影响图像的通道数和文件大小。这里的通道也是Photoshop中的一个重要概念，每个Photoshop图像具有一个或多个通道，每个通道都存放着图像中颜色元素的信息。图像中默认的颜色通道数取决于色彩模式。例如，CMYK图像至少有4个通道，分别代表青、洋红、黄和黑色信息，如图1-20所示。

图1-20

1. 灰度模式

灰度模式只存在灰度，它由0～256个灰阶组成。当一个彩色图像转换为灰度模式时，图像中的色相及饱和度等有关色彩信息将被消除掉，只留下亮度。亮度是唯一能影响灰度图像的因素。当灰度值为0（最小值）时，生成的颜色是黑色；当灰度值为255（最大值）时，生成的颜色是白色。如图1-21所示的图像为彩色图像转换为灰度模式后的黑白图像。

图1-21

▶ 温馨提示

在Photoshop中执行菜单"图像|模式|灰度"命令，即可将彩色图像变为灰度模式的图像，转换时会弹出"信息"面板，直接单击"扔掉"按钮即可。

2. RGB颜色模式

在Photoshop中，RGB颜色模式使用RGB模式，并为每个像素分配一个强度值。在8位通道的图像中，彩色图像中的每个RGB（红色、绿色、蓝色）分量的强度值为0（黑色）到255（白色）。例如，亮绿色的R值可能为10，G值为250，而B值为20。当所有这3个分量的值相等时，结果是中性灰度级。当所有分量的值均为255时，结果是纯白色；当这些值都为0时，结果是纯黑色。RGB颜色模式是Photoshop最常用的一种模式，在RGB颜色模式中3种颜色叠加时会自动映射出纯白色，如图1-22所示。

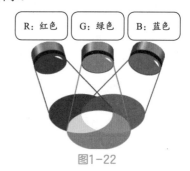

图1-22

3. CMYK颜色模式

CMYK代表印刷中用的4种颜色，C代表青色（Cyan）、M代表洋红色（Magenta）、Y代表黄色（Yellow）、K代表黑色（Black）。因为在实际应用中，青色、洋红色和黄色很难叠加形成真正的黑色，最多不过是褐色而已。因此才引入了K——黑色。黑色的作用是强化暗调，加深暗部色彩，如图1-23所示。

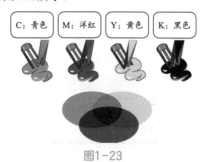

图1-23

在 CMYK 模式下，可以为每个像素的每种印刷油墨指定一个百分比值。为最亮（高光）颜色指定的印刷油墨颜色百分比较低；而为较暗（阴影）颜色指定的百分比较高。例如，亮红色可能包含 2% 青色、93% 洋红、90% 黄色和 0 黑色。在 CMYK 图像中，当4种分量的值均为 0 时，就会产生纯白色。

> **注意**

尽管 CMYK 是标准颜色模式，但是其准确的颜色范围要随印刷和打印条件而变化。Photoshop 中的 CMYK 颜色模式会根据用户在"颜色设置"对话框中指定的工作空间的设置而有所不同。

4. Lab颜色模式

Lab颜色模式是国际照明委员会（CIE）公布的一种基于人对颜色的感觉的一种色彩模式。Lab 中的数值描述正常视力的人能够看到的所有颜色。因为 Lab 描述的是颜色的显示方式，而不是设备（如显示器、打印机或数码相机）生成颜色所需的特定色料的数量，所以 Lab 被视为与设备无关的颜色模式。颜色色彩管理系统使用 Lab 作为色标，将颜色从一个色彩空间转换到另一个色彩空间。

Lab 颜色模式的亮度分量 （L）范围是 0 到 100。在 Adobe 拾色器和"颜色"面板中，a 分量（绿色-红色轴）和 b 分量（蓝色-黄色轴）的范围是 +127 到-128，如图1-24所示。

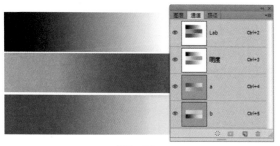

图1-24

> **温馨提示**

Lab色彩空间涵盖了RGB和CMYK。

5. 索引颜色模式

索引颜色模式可生成最多 256 种颜色的 8 位图像文件。当转换为索引颜色时，Photoshop 将构建一个颜色查找表（CLUT），用以存放并索引图像中的颜色。如果原图像中的某种颜色没有出现在该表中，则程序将选取最接近的一种，或使用仿色以现有颜色来模拟该颜色。

尽管其调色板很有限，但索引颜色能够在保持多媒体演示文稿、Web 网页等所需的视觉品质的同时，减少文件大小。在这种模式下只能进行有限的编辑，要想进一步进行编辑，应临时转换为 RGB 模式。索引颜色文件可以存储为 Photoshop、BMP、DICOM、GIF、Photoshop EPS、大型文档格式 （PSB）、PCX、Photoshop PDF、Photoshop Raw、Photoshop 2.0、PICT、PNG、Targa 或 TIFF 格式。

在将一张RGB颜色模式的图像转换成索引颜色模式时，会弹出如图1-25所示的"索引颜色"对话框。

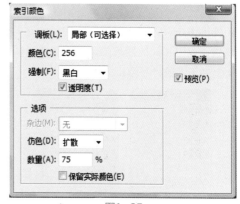

图1-25

该对话框中的各选项含义如下。

➤ 调板：用来选择转换为索引模式时用到的调板。

➤ 颜色：用来设置索引颜色的数量。

➤ 强制：在下拉列表中可以选择某种颜色并将其强制放置到颜色表中。

➤ 选项：用来控制转换索引模式的选项。

➤ 杂边：用来设置填充与图像的透明区域相邻的消除锯齿边缘的背景色。

➤ 仿色：用来设置仿色的类型。包括无、扩散、图案、杂色。

➤ 数量：用来设置扩散的数量。

➤ 保留实际颜色：勾选此复选框后，转换成索引模式后的图像将保留图像的实际颜色。

▶ 温馨提示

灰度模式与双色调模式可以直接转换为索引模式；RGB模式转换为索引模式时会弹出"索引颜色"对话框，设置相应参数后才能转换成索引模式。转换为索引模式后，图像会丢失一部分颜色信息，再转换为RGB模式转换后，丢失信息不会复原。

▶ 注意

索引颜色模式的图像是256色以下的图像，在整幅图像中最多只有256种颜色，所以索引颜色模式的图像只可当作特殊效果及专用，而不能用于常规的印刷中。索引色彩也称为映射色彩，索引颜色模式的图像只能通过间接方式创建，而不能直接获得。

1.2.3 色彩模式转换

在Photoshop中不同的模式有自己所特有的图像颜色效果，应用不同的图像颜色模式时所对应的颜色通道也是不同的，如图1-26所示。

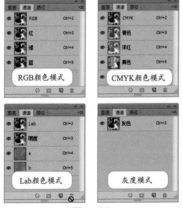

图1-26

▶ 温馨提示

双色调模式与位图模式只有灰度模式才能转换。图像转换成灰度模式后会自动将颜色扔掉，把图像变为黑白效果，再转换为双色调模式或位图模式来将灰度图像调整为双色效果。

在转换模式时往往会丢失很多的图像颜色细节，例如将彩色图像转换为索引颜色时会删除图像中的很多颜色信息，因此建议用户转换的同时最好备份一个副本。

1.2.4 调整颜色建议

在为商品拍照时，很多时候会涉及人物、场景等。通常要对拍摄的照片进行相应的调整，此时就要了解一些为拍摄后的照片对于色彩调整的相关知识，具体可参考表1-1所示。

表1-1　色彩调整的相关知识

人物	发丝应当尽可能清晰，牙齿应当洁白，纯白会使图像失真，发黄或发灰看起来会觉得不舒服。
织物	黑色或白色不要过于鲜亮，否则会失真。黄色的百分比太高会使白色显得灰暗，青色值太低会使红色发生振荡，黄色值太低会使蓝色发生振荡。
户外景色	检查图像中的灰色物体，确保灰色没有偏色。对于天空色彩调整，洋红和青色的关系决定天空的明暗，洋红增多时天空会由亮蓝变为墨蓝。
雪景	雪不应该为纯白色，否则会丢失细节。应集中精力在高光区域添加细节。
夜景	黑色区域不应为纯黑色，否则会丢失细节。应集中精力在阴影区域添加细节。

1.3 色彩对比

生活中的色彩往往不是单独存在的。我们观察色彩时，或是在一定背景中观察，或是几种色彩并列，或是先看某种色彩再看另一种色彩，等等。这样所看到的色彩就会发生变化，形成色彩对比现象，影响心理感觉。

色彩对比主要分为色相对比、明度对比、补色对比、纯度对比和冷暖对比。

两种以上色彩组合后，由于色相差别而形成的色彩对比效果称为色相对比。它是色彩对比的一个根本方面，其对比强弱程度取决于色相之间在色相环上的距离（角度），距离（角度）越小对比越弱，反之则对比越强，如图1-27所示。根据颜色在色环上的角度差别的远近，可分为类似色、邻近色、对比色、互补色等不同对比类型。

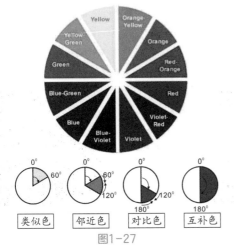

图1-27

1. 色相对比

（1）类似色及其对比应用。类似色是指色环上差距在60°以内的颜色，如红和橙、黄和黄绿、品红和紫等，反差小、柔和、舒缓，属于色相的弱对比，如图1-28所示。

图1-28

（2）邻近色及其对比应用。邻近色是指色环上差距在60°～120°的颜色，如红和紫、绿和蓝、青和黄等，邻近色之间反差适度，且色与色之间互有共同点，显得和谐自然，属于色相的中对比，给人典雅、明晰、干净的感觉，如图1-29所示。

图1-29

（3）对比色与互补色及其对比应用。对比色是指色环上差距在120°～180°的颜色，如黄和紫、蓝和红等，对比色之间反差较大，组合使用时能产生强烈鲜明、干脆利落的感觉、有非常醒目的宣传效果，属于色相的强对比，如图1-30所示。

图1-30

2. 明度对比

以明度差别为主而产生的对比称为明度对比。我们通常把无彩色从黑到白的明度变化分为9个等级，称为明度梯尺。有彩色也可以在明度梯尺上找到对应的明度位置。除黑和白之外，明暗程度在1～3级的颜色称为低明度颜色，4～6级的称为中明度颜色，7～9级的称为高明度颜色，如图1-31所示。同种颜色的不同明度在同一页面中给人感觉有很大不同，如图1-32所示。

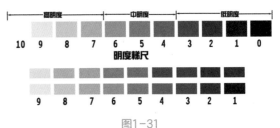

图1-31

图1-32

3. 补色对比

补色对比，色彩对比中最强烈的力量，黄与紫，橙与蓝，红与绿，这是最常见的3对补色，如图1-33所示。

图1-33

图1-33（续）

4. 纯度对比

一种颜色的鲜艳度取决于这一色相发射光的单一程度，不同的颜色放在一起，它们的对比是不一样的。人眼能辨别的有单色光特征的色，都具有一定的鲜艳度。

以某一色相的纯色按比例逐渐加入无彩色，即可形成由若干个色阶组成的纯度系列。我们也可以将其分为高纯度、中纯度和低纯度3个层次，即纯色和接近纯色的色为高纯度色阶，接近灰色的色为低纯度色阶，两者之间的为中纯度色阶。再将3个层次的色阶相互组合，可以形成鲜强对比——主体色为高纯度色，陪衬和点缀色为中纯度和低纯度色；灰强对比——主体色为低纯度色，陪衬与点缀色为高纯度和中纯度色；中弱对比——主体色为中纯度色，其他色为接近中纯度色；鲜弱对比——主体色为高纯度色，其他色为接近高纯度色等的色彩纯度组合。如图1-34所示的图像为纯度对比。

图1-34

5. 冷暖对比

冷暖对比是指通过颜色用冷热差别而形成的对比。冷暖本身是人皮肤对外界温度高低的条件感应，色彩的冷暖感主要来自人的生理与心理感受。在色彩中可以分为冷色与暖色两种，红色光、橙色光、黄色光本身具有暖和感，照射在任何物体时都会有一种暖暖的感觉，这类色彩称为暖色；紫色光、蓝色光、绿色光有一种寒冷的感觉，这类色彩称为冷色。

由于冷暖色系本身的对立性区分很明显，因此在设计时最好选择一种色系作为主色，用另一色系作为辅助色，从而起到互相陪衬的作用，使页面色彩保持协调，如图1-35所示。

图1-35

★★★★
1.4 色彩对心理的影响

色彩有各种各样的心理效果和情感效果，会给人各种各样的感受和遐想。但还是根据个人的视觉感、个人审美、个人经验、生活环境、性格等所定，但通常的一些色彩，视觉效果还是比较明显的，比如看见绿色时，会联想到树叶、草坪的形象；看见蓝色时，会联想到海洋、水的形象。不管是看见某种色彩或是听见某种色彩名称的时候，心里就会自动地描绘出这种色彩给我们的感受；不管是开心、悲伤、回忆等，这就是色彩的心理反应。

红色给人热情、兴奋、勇气、危险等感觉。

橙色给人热情、勇气、活动的感觉。

黄色给人温暖、快乐、轻松的感觉。

绿色给人健康、新鲜、和平的感觉。

青色给人清爽、寒冷、冷静的感觉。

蓝色给人孤立、认真、严肃、忧郁的感觉。

紫色给人高贵、气质、忧郁的感觉。

黑色给人神秘、阴郁、不安的感觉。

白色给人纯洁、正义、平等的感觉。

灰色给人朴素、模糊、抑郁、犹豫的感觉。

以上这些对色彩的印象是在大范围的人群中获得认同的结果，但并不代表所有人都会按照上述的说法产生完全相同的感受。根据不同的国家、地区、宗教、性别、年龄等因素的差异，即使是同一种色彩，也可能会有完全不同的解读。在设计时应该综合考虑多方面因素，避免造成误解。

中文版Photoshop+InDesign商业案例项目设计完全解析

1.5 图像配色技巧

在设计时除了图像设计的构图版式，配色应该是最能刺激人视觉的元素了，好的图像配色给人的感觉是舒服，但在设计配色时最好不要超过3种颜色，颜色太多会在视觉中产生混乱的效果。在为图像配色时最好能够在色相、饱和度或明度中选择一种保持相近，这样的配色不会让人在视觉中产生厌烦。如图1-36所示的图像配色会让买家有一种非常土气的感觉。

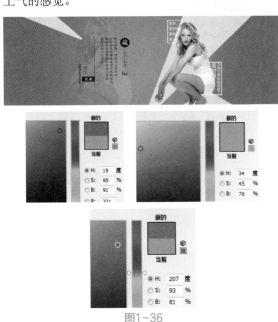

图1-36

从图1-36中选择的颜色我们不难看出其中的色相、饱和度和明度，没有一种是保持相近的，所以会产生较为混乱的感觉。这里我们将配色按照饱和度相近的方法进行调整，调整后会发现整个图像的感觉马上出现了一个质的飞跃，如图1-37所示。

> 温馨提示

在设计时应该按场景所定，不要只是按照单一的数值来决定具体的配色；在调整配色时如果想要保持色相、饱和度或明度其中一项的值不变，只要在"拾色器"对话框中将其对应的H、S、B分别进行勾选，此时"拾色器"对话框中调整区就是此色相、饱和度或明度相一致的数值。

图1-37

如果将色调定为永不过时的灰白色，此时更能凸显画面中模特的本质，使大家将视觉快速转移到模特身上。如果再点缀上黑色、白色，那么整体图像就会显得更有女人味，更加高端大气，如图1-38所示。

图1-38

选择一种大面积的高纯度颜色与浅色作为图像的背景，更能提升整体图像的视觉吸引度，如图1-39所示。

图1-39

1.6 了解版式设计

提到版式设计，大多数人马上会往书籍、杂志、手册等方面去想，认为版式设计就是一个技术活，而不会认为它有任何的艺术设计内容，根本与设计沾不上边。

跟随时代的发展，人们接触到的视觉内容已经发生了很大的变化。无论是线上的网页、电子商务、多媒体等方面的视觉需求大大加强，还是线下的图书、广告招贴、报纸、包装等方面的设计内容需与时代相接轨，这些方面的内容都需要版式设计作为它们的美学支架。如今的版式设计，作为现代设计艺术的重要组成部分和视觉信息传递的主要手段之一，也从单纯走向了多样化。

1.6.1 版式设计的概念与应用

版式设计是现代设计艺术的重要组成部分，是视觉传达的重要手段。表面上看，它是一种关于编排的学问，实际上，它不仅是一种技能，更实现了技术与艺术的高度统一，版式设计是现代设计者所必备的基本功之一。

版式设计是指设计人员根据设计主题和视觉需求，在预先设定的有限版面内，运用造型要素和形式原则，将文字、图片图像及色彩等视觉传达信息要素，进行有组织、有目的的组合排列的设计行为与过程。

版式设计的应用范围，涉及报纸、刊物、书籍、杂志、宣传手册、产品样本、挂历、展架、海报、易拉宝、招贴画、唱片封套和网页页面等平面设计各个领域。

现如今的版式设计已经打破了原有单纯的编排技巧，是通过设计的视觉化与形象化，传递着现代的文化理念、特定秩序、美感体验等丰富的信息，以激起阅读者的关注和愉悦，为传播功能的各种媒体增添更多的附加值。其设计原理和理论贯穿于每一个平面设计的始终，目的是更好地传播客户信息，使消费者在第一时间感知信息。如图1-40所示图像为优秀的版式设计。

海报

杂志

封面

网页

易拉宝

图1-40

> **温馨提示**

在现代设计的概念中，版式已不再是单纯的技术编排，版式设计是技术与艺术的高度统一体。而信息传达的途径依靠的就是设计的艺术。随着社会的不断进步、生活节奏的加快和人们的视觉习惯的改变，要求设计师须更新观念，重视版式设计，吸收国内外现代思潮，改变我们以往的设计思路。

1.6.2 版式设计的目的与原则

版式设计的目的是将版面中有关信息要素做有效地配置，使之成为易读的形式，让人们在阅读过程中能够了解并记忆内容所传达的信息，有效地提高对版面的注意，达到版式设计的目的。

版式设计不能像绘画创作那样以表现内心情感为首要目的，而应该根据版式本身的功能要求，依照版式设计的原则进行设计。

1. 简洁直观
版式设计在传达某个具体的信息时，其视觉传达的各种元素总是直观与具体的。

2. 易读性强

版式设计切忌繁杂凌乱，这与现代社会的快节奏有着直接的关系，因此易读性就显得尤为重要。

3. 主次分明，突出主题

版式设计中的构成要素要突出明确地表述主体，应尽可能地成为观众阅读广告时视线流动的起点，并以标示来引导观众的阅读，逐步地诱导观众按视觉流程进行视线流动。主体构成要素的比例大小要异于其他要素。

在平面设计中，版式设计的目的与原则并不显现在表面上，它决定着平面设计的基本结构、设计的基调；设计中的结构是内敛而隐藏的，它藏匿在漂亮而感性的图式背后，无声地体现着设计中理性的规范，如图1-41所示。

图1-41

1.6.3 版式设计的意义

版式设计的灵魂是版式传递的信息清晰与否，版式编排是否新颖和吸引人。在保证经济效益的同时，应该注重精神生活的质量，更应该强调个性发挥下的表现力。作为现代设计艺术的版式设计已构成视觉传达的公共方式，为人们构建新的思想和文化观念提供了空间，成为人们理解社会的重要界面。它注重激发读者的激情，以轻松、自然、趣味和亲切的艺术效果，将画面深入到读者内心情感中，如图1-42所示。

图1-42

1.7 版式设计的内容

在现代设计中，版式设计的重点是对平面编排设计规律和方法的理解与掌握，其主要内容包含以下几个方面。

1. 对视觉要素与构成要素的认识

视觉要素和构成要素是版式设计的基本造型语汇，就像建房的砖瓦，它们是组成任何平面设计的基础，视觉要素包括形的各种变化和组合，色彩与色调等；构成要素则包含空间、动势等组合画面。对视觉要素与构成要素的认知与把握，是版式设计的第一步。

2. 对版式设计规律和方法的认知与实践

版式设计构成规律和方法是对平面编排设计多种基础性构成法则的总结，与视觉要素和构成要素的关系就像语言学中语汇和语法。这其中包括了以感性判断为主的设计方法和以理性分析为主的设计方法，对构成规律和方法的认知与实践是掌握版式设计的关键。

3. 对版式设计内容与形式关系的认知

正确认识和把握版式设计内容和形式的关系是设计创作的最基本问题。内容决定形式是设计发展的基本规律，设计的形式受到审美、经济和技术要素的影响，但最重要的影响要素是设计对象本身的特征。理解内容与形式的关系，恰当运用形式将内容表现出来是平面设计专业学习的基本课题。

4. 对多种应用性设计形式特点的认知与实践

平面设计种类很多，在各自功能、形式上又有很大的变化，在版式设计过程中应该清楚地认识和把握各种应用性设计（包装、杂志、广告、海报、DM等）的特点。如图1-43所示为各种不同类型的版式设计作品。

包装 杂志

图1-43

户外广告　　　　　　　海报

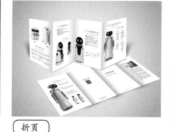

VIP卡　　　　　　折页

图1-43（续）

1.8 版式设计的基本类型

应用视觉元素，进行有机的版式排列组合，将理性思维，个性化地表现出一种具有个人风格和艺术特色的视觉传送方式。传达信息的同时，产生感官上的美感。

版式设计的基本类型大致上可分为骨骼型、满版型、上下分割型、左右分割型、中轴型、曲线型、倾斜型、对称型、重心型、三角型、并置型、自由型和四角型。

1.8.1 骨骼型

版式设计的骨骼型是规范的、理性的分割方法。常见的骨骼有竖向通栏、双栏、三栏和四栏等。一般以竖向分栏为多。图片和文字的编排上，严格按骨骼比例进行编排配置，给人严谨、和谐、理性的美。骨骼经过相互混合后的版式，既理性有条理，又活泼而具有弹性。

规则的骨骼版式虽然具有序列性，但版面变化空间不足，容易给人带来呆板、机械、缺乏活力的感觉，故使用时需要有意识地做一些变化处理，如运用富于变化的标题或在四栏的文字中沿骨骼线插入占据二栏或三栏的图片，产生版面局部跨栏

的对比，从而使版面理性而不失活泼感，如图1-44所示。

图1-44

> **温馨提示**

版式设计中的骨骼是指在一幅版面中各造型元素摆放的骨架和格式。骨骼在版式设计中起着支配构成单元距离和空间的作用。具体设计中，可根据诉求内容、信息量的多少、图片与文字的比例等情况并按照骨骼比例规则进行编排配置。

1.8.2 满版型

满版型是版面以图像充满整版，主要以图像为诉求，视觉传达直观而强烈。文字配置放置在上下、左右或中部（边部和中心）的图像上。满版型给人大方、舒展的感觉，是商品广告常用的形式。以商品形象或与企业有某种关联性的人物、景物、器物等具有典型特征的图片，直观地展示诉求主体，具有一目了然的视觉感受，视觉传达效果直观而强烈，如图1-45所示。

图1-45

1.8.3 上下分割型

上下分割型是整个版面分成上下两部分，在上半部或下半部配置图片（可以是单幅或多幅），另一部分则配置文字。整个版面图片部分感性而富有活力，而文字部分则理性而静止，如图1-46所示。

图1-46

1.8.4 左右分割型

左右分割型是整个版面分割为左右两部分，分别配置文字和图片。左右两部分形成强弱对比时，造成视觉心理上的不平衡。这仅是视觉习惯（左右对称）上的问题，不如上下分割型的视觉流畅自然。如果将分割线虚化处理，或用文字左右重复穿插，左右图、文会变得自然和谐，如图1-47所示。

图1-47

1.8.5 中轴型

中轴型是将主体图形元素沿版面的水平线或垂直线的中轴进行排列，由于主体元素排列在版面的中心位置，所以能够给人以强烈的视觉冲击效果，主体突出，诉求效果明显，如图1-48所示。

图1-48

1.8.6 曲线型

曲线型是将主体视觉元素呈曲线状排列的设计形式。图形与文字沿几何曲线或自由曲线方向辗转排列，形成一种较强的动感和韵律感，并呈现出有起伏的节奏感。由于曲线有运动感、弹性的特质，常给人以自由、优雅的感觉，如图1-49所示。

图1-49

1.8.7 倾斜型

倾斜型是版面主体形象或多幅图像作倾斜编排，造成版面强烈的动感和不稳定因素，以吸引人的关注。倾斜型排列与水平排列、垂直排列给人完全不同的感受，水平排列、垂直排列给人平静和肃立感，而倾斜排列则将力的重心前移，使主题更加有活力，如图1-50所示。

图1-50

1.8.8　对称型

对称型是对称的版式，给人稳定、理性、秩序的感受。对称分为绝对对称和相对对称。一般多采用相对对称手法，以避免过于严谨。对称一般以左右对称居多。

对称是表现平衡的完美状态，是一种力的均衡。对称这一形式体现了形态组合、形态结构的整体性、协调性与完美性，给人一种完美的视觉感受，如图1-51所示。

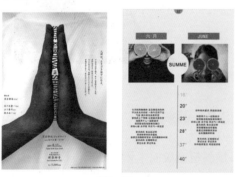

图1-51

图1-51（续）

1.8.9　重心型

重心型是重心版式产生视觉焦点，使其更加突出。重心的3种类型分别为：中心，直接以独立而轮廓分明的形象占据版面中心；向心，视觉元素向版面中心聚拢的运动；离心，犹如石子投入水中产生一圈一圈向外扩散的弧线运动。

由于这种版式中心明确、主题突出，更有利于设计主体信息的有效传达。在设计中，画面中心有的是以图形或文字直观的形式表现，有的则是以间接的形式表现，如以满衬空的表现手法，如图1-52所示。

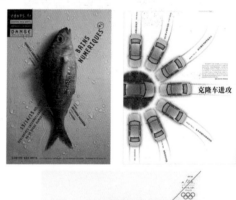

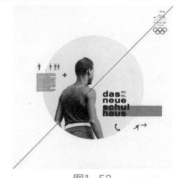

图1-52

1.8.10　三角型

三角型是版式设计中以三角形图形或文字进行

排版组合的一种形式。在圆形、矩形、三角形等基本图形中，正三角形（金字塔形）最具有安全稳定因素，如图1-53所示。

图1-53

1.8.11　并置型

并置型是将相同或不同的图片作大小相同而位置不同的重复排列。并置构成的版面有比较、解说的意味，给予原本复杂喧闹的版面以秩序、安静、调和与节奏感。版式中的并置型体现在将相同或近似的单元骨骼、形象元素反复排列。重复表现手段的特征是形象的连续性，这种连续性反映在人们的视觉中，不仅能保持原有形象的特质，而且还会增加视觉趣味，产生安定、平衡、秩序等视觉感受，使画面形成有规律的节奏韵律感并获得既有变化又和谐统一的效果，如图1-54所示。

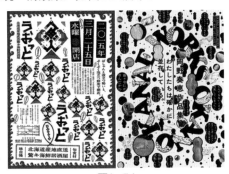

图1-54

图1-54（续）

1.8.12　自由型

自由型是将版式无规律地、随意地进行编排，使整个页面有活泼、轻快的感觉。它打破了常规、理性、规则的排列方法，使版式呈现出极强的动感和空间感。另外，自由型版式虽然貌似一种无意的版式排列，实质上也是设计者有意识、精心设计的一种表现形式。但如果不假思索，随意摆放设计元素，将会给人带来视觉和心理上的凌乱感受，如图1-55所示。

图1-55

1.8.13　四角型

四角型是在版面四角以及连接四角的对角线结构上编排图形。整体版面效果给人严谨、规范的感觉，如图1-56所示。

图1-56

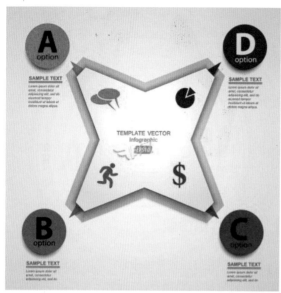

图1-56（续）

★★★★
1.9 版式设计的基本流程

做出一个设计方案所需要经历的过程叫作设计流程，这是设计的关键。想到哪里做到哪里的方式很可能使设计出现很多漏洞和问题，我们应该按照合理的设计流程来进行操作。表1-2所示为版式设计的基本流程。

表1-2　版式设计的基本流程

版式设计的基本流程	
第一步	确定主题（需要传达的信息）。
第二步	寻找、收集和制作用于表达信息的素材——文字、图形图像等。文字表达信息最直接、有效，但应简洁、贴切。还要根据具体需要确定视觉元素的数量和色彩（黑白、彩色-色系）。
第三步	确定版面视觉元素的布局（类型）。
第四步	使用图形图像处理软件进行制作。

中文版Photoshop+InDesign商业案例项目设计完全解析

02
第2章
Photoshop中的图像处理

本章重点：
- 抠图的运用
- 图像处理中的色调调整
- 图像的瑕疵修复

本章主要介绍对于已经捕获到的商品图片进行美化加工的方法，在视觉中做到吸引浏览者的目的，从而增加商品的转换率。在制作商品效果案例中最常见的就是为需要素材商品抠图、处理图像的色调、修复图像中存在的瑕疵，这里使用的软件为Photoshop CC。

★★★★ 2.1 抠图的运用

无论是为单一的商品替换背景，还是为一系列的商品统一背景，这些都需要对商品本身进行抠图来完成。只要是制作商品的合成方面的广告，就少不了抠图操作。本节主要介绍通过各种抠图方法将获取的商品图片进行抠图的操作，从而使商品本身在案例中更加凸显。如图2-1所示的图像为更换背景前后的对比。

图2-1

2.1.1 选区抠图

为商品拍照后想将拍摄的产品整体移动到自己喜欢的背景中,为产品通过选区进行抠图可以具体分为规则选区抠图、不规则选区抠图以及智能选区抠图等,在创建选区的过程中设置相应的羽化,可以使抠出的产品与新背景融合得更加贴切。

1.规则选区抠图

为产品进行规则几何抠图可分为圆形与矩形。对于规则现状进行抠图时,常用的工具就是选区工具中的 ▣(矩形选框工具)和 ◯(椭圆选框工具)。使用方法是在图像中按住鼠标向对角拖动释放鼠标即可创建选区,主要应用在对图像选区要求不太严格的图像中。以矩形选区为例,具体的抠图方法如下。

■ 操作步骤

01 启动Photoshop CC软件,打开附带的"手机.jpg"和"手机背景.jpg"素材文件,如图2-2所示。

图2-2

02 将"手机"素材文件作为当前编辑对象,在工具箱中选取 ▣(矩形选框工具)后,在手机正面周围创建选区,如图2-3所示。

在图像中拖动创建选区

图2-3

03 执行菜单"选择|修改|平滑"命令,打开"平滑选区"对话框,设置"取样半径"为22像素,单击"确定"按钮,效果如图2-4所示。

04 执行菜单"选择|修改|羽化"命令,打开"羽化选区"对话框,设置"羽化半径"为2像素,单

击"确定"按钮,效果如图2-5所示。

图2-4　　　　　　　　图2-5

05 使用 ▶÷(移动工具)将选区内的图像拖动到"手机背景"素材文件中,调整手机大小完成背景替换,效果如图2-6所示。

图2-6

温馨提示

通过 ▣(矩形选框工具)或 ◯(椭圆选框工具)创建选区后抠图,如果不进行羽化设置会出现图像边缘与背景融合不协调的后果,羽化设置得过小或过大都会出现不自然的后果。如图2-7所示的效果分别为羽化设置为0、30、70和120时替换背景的结果。

羽化为0　　　　　　　羽化为30

羽化为70　　　　　　　羽化为120

图2-7

技巧

使用 ▣(矩形工具)创建路径后,在"属性"面板中设置圆角值后,按Ctrl+Enter组合键将路径转换为选区,此时可以替换背景,如图2-8所示。

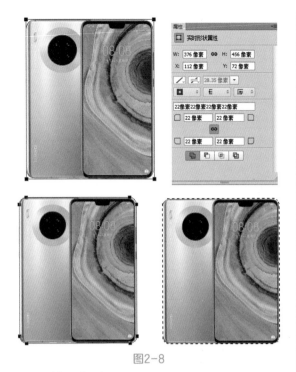

图2-8

2. 椭圆选区抠图

在Photoshop中用来创建椭圆或正圆选区的工具只有◯（椭圆选框工具）。◯（椭圆选框工具）的使用方法与▢（矩形选框工具）大致相同，具体操作流程如图2-9所示。

图2-9

3.不规则选区抠图

不规则选区指的就是通过工具创建的随意性选区，该选区没有几何形状局限，可以使用鼠标随意拖动，或单击来完成选区的创建，再对其进行抠图，不规则抠图可分为随意抠图和精细抠图两种。

不规则选区抠图可以更加细致地掌握产品的边缘，创建过程中可以按照自己的意愿对图像进行抠图。

1) 随意绘制选取范围抠图

在Photoshop中使用◯（套索工具）可以在图像中创建任意形状的选择区域。◯（套索工具）通常用来创建不太精细的选区，这正符合套索工具操作灵活、使用简单的特点。使用该工具创建选区并抠图的方法非常简单，具体操作过程如图2-10所示。

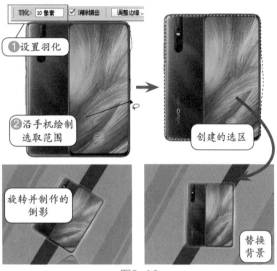

图2-10

2) 精确手动抠图

在Photoshop中用来手动创建精确选区的工具主要包括▷（多边形套索工具）和▷（磁性套索工具）。▷（多边形套索工具）通常用来创建较为精确的选区。创建选区的方法也非常简单，在不同位置上单击鼠标，即可将两点以直线的形式连接，起点与终点相交时单击即可得到选区，如图2-11所示。

> **技巧**
>
> 使用▷（多边形套索工具）绘制选区时，按住Shift键可沿水平、垂直或与之成45°角的方向绘制选区；在终点没有与起始点重叠时，双击鼠标或按住Ctrl键的同时单击鼠标即可创建封闭选区。

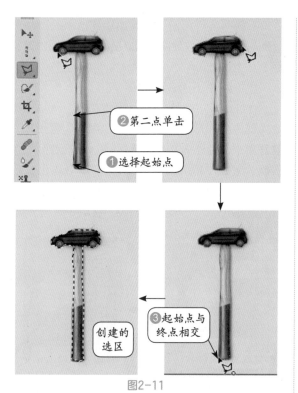

②第二点单击

①选择起始点

创建的
选区

③起始点与
终点相交

图2-11

下面讲解使用▶（多边形套索工具）和▶（磁性套索工具）相配合的方法对图像进行创建选区并抠图，具体操作过程如下。

■ 操作步骤

01 启动Photoshop软件，打开附带的"抱枕.jpg"素材文件。选择▶（磁性套索工具），在属性栏中设置"羽化"为1、"宽度"为10、"对比度"为10%、"频率"为57，在抱枕的顶部单击创建选区点，如图2-13所示。

02 沿抱枕边缘拖动鼠标，此时会发现▶（磁性套索工具）在抱枕边缘创建锚点，如图2-14所示。

③创建选区过程

图2-13　　　　　　　　图2-14

▶（磁性套索工具）可以在图像中自动捕捉具有反差颜色的图像边缘，并以此来创建选区，此工具常用在背景复杂但边缘对比度较强的图像。创建选区的方法也非常简单，在图像中选择起点后沿边缘拖动即可自动创建选区，如图2-12所示。

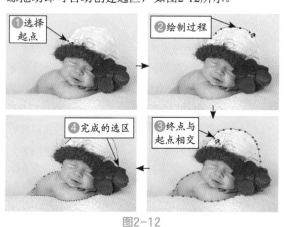

①选择
起点

②绘制过程

④完成的选区

③终点与
起点相交

图2-12

03 当到抱枕底部的区域时，图像变得像素之间不够强烈，此时只要按住Alt键将▶（磁性套索工具）变为▶（多边形套索工具），在边缘处单击，即可创建选区，如图2-15所示。

04 移动鼠标到抱枕的另一边，图像边缘像素变得反差较大后释放Alt键，将工具恢复为▶（磁性套索工具），继续拖动鼠标创建选区，如图2-16所示。

图2-15　　　　　　　　图2-16

05 起点与终点相交时单击即可创建选区，如图2-17所示。

06 此时使用▶（移动工具）可将选区内的图像进行移动，如图2-18所示。

07 打开另一张作为背景的素材。使用▶（移动工具）将选区内的图像移动到新背景中完成抠图，如图2-19所示。

技巧

使用▶（磁性套索工具）创建选区时，单击鼠标也可以创建矩形标记点，用来确定精确的选区；按Delete键或BackSpace键，可按照顺序撤销矩形标记点；按Esc键消除未完成的选区。

中文版Photoshop+InDesign商业案例项目设计完全解析

图2-17

图2-18

图2-19

4. 智能工具抠图

智能工具抠图指的是通过设置相应参数后,使用鼠标在图像中单击或拖动时,系统自动按照鼠标经过的像素选择与之相似范围创建选区。在Photoshop 中智能创建选区的工具主要包含 (魔棒工具)和 (快速选择工具),还可以通过 (魔术橡皮擦工具)快速去掉背景。

使用 (魔棒工具)能够选取图像中颜色相同或相近的像素,像素之间可以是相连的也可以是不连续的。通常情况下,使用 (魔棒工具)可以快速创建图像颜色相近像素的选区。创建选区的方法非常简单,只要在图像中某个颜色像素上单击,系统便会自动以该选取点为样本创建选区,如图2-20所示。

图2-20

使用 (快速选择工具)可以快速在图像中对需要选取的部分建立选区。使用方法非常简单,使用指针在图像中拖动即可将鼠标经过的地方创建选区,如图2-21所示。 (快速选择工具)通常用来快速创建精确的选区。

图2-21

使用 (魔术橡皮擦工具)可以快速去掉图像的背景。该工具的使用方法非常简单,只要选择清除的颜色范围,单击即可将其清除,如图2-22所示。

图2-22

下面讲解为拍摄的冲锋衣抠图换背景的方法,具体操作过程如下。

■ 操作步骤

01 启动Photoshop CC软件,打开附带的"冲锋衣.jpg"素材文件,如图2-23所示。

02 选择 (快速选择工具),在属性栏中设置"画笔"的直径为15、"硬度"为70%,勾选"自动增强"复选框,如图2-24所示。

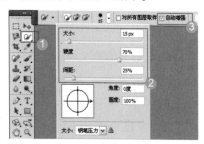
图2-23　　　　　　图2-24

03 使用 (快速选择工具)在冲锋衣的衣领处按下鼠标,在整个衣服上拖动,如图2-25所示。

04 选区创建完成后,使用 (移动工具)将选区内的图像移动到新背景中完成背景替换,效果如图2-26所示。

图2-25

图2-26

05 从打开的素材文件中可以看到背景的颜色较为一致，此时可以使用（魔棒工具）在背景上单击，调出选区后，按Ctrl+Shift+I组合键将选区反选；使用（移动工具）将选区内的图像移动到新背景中完成背景替换，效果如图2-27所示。

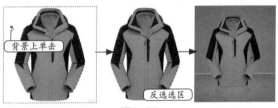

图2-27

06 对于背景颜色较为一致的情况，还可以使用（魔术橡皮擦工具）在背景上单击，再使用（移动工具）将图像移动到新背景中完成背景替换，效果如图2-28所示。

图2-28

2.1.2 路径抠图

路径是抠图中对图像边缘处理最为细致的操作。

Photoshop中的路径指的是在文档中使用钢笔工具或形状工具创建的贝塞尔曲线轮廓，路径可以是直线、曲线或者封闭的形状轮廓。多用于自行创建的矢量图像或对图像的某个区域进行精确抠图。路径不能够打印输出，只能存放于"路径"面板中，如图2-29所示。通常情况下，对需要抠图的区域创建路径后，一定要将其转换为选区才能进行抠图操作。

图2-29

> 温馨提示

路径抠图的缺点是不能为毛绒玩具或模特的发丝进行抠图。

1. 路径的创建

在绘制的路径中包括直线路径、曲线路径和封闭路径几种，本节就来详细讲解不同路径的绘制方法和使用的工具。

使用（钢笔工具）可以精确地绘制出直线或光滑的曲线，还可以创建形状图层。

该工具的使用方法非常简单，只要在页面中选择一点单击，移动到下一点再单击，就会创建直线路径；在下一点按下鼠标并拖动会创建曲线路径，按Enter键绘制的路径会形成不封闭的路径；在绘制路径的过程中，当起始点的锚点与终点的锚点相交时鼠标指针会变成形状，此时单击鼠标，系统会将该路径创建成封闭路径。使用（钢笔工具）绘制直线路径、曲线路径和封闭路径的方法，具体操作过程如下。

■ 操作步骤

01 启动Photoshop CC软件，新建一个空白文档。选择 🖊（钢笔工具）后，在页面中选择起点单击，移动到另一点后再单击，会得到如图2-30所示的直线路径。按Enter键直线路径绘制完成。

02 新建一个空白文档，选择 🖊（钢笔工具）后，在页面中选择起点单击到另一点后按下鼠标拖动，会得到如图2-31所示的曲线路径。按Enter键曲线路径绘制完成。

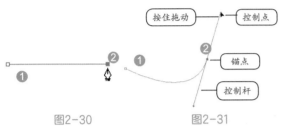

图2-30　　　　　图2-31

03 新建一个空白文档，选择 🖊（钢笔工具）后，在页面中选择起点单击到另一点后按下鼠标拖动，松开鼠标后拖动到起始点单击会得到如图2-32所示的封闭路径。按Enter键封闭路径绘制完毕。

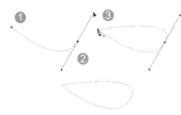

图2-32

2.将路径转换为选区

通过 🖊（钢笔工具）创建的路径是不能直接进行抠图的，此时只要将创建的路径转换为选区，就可以应用 ➕（移动工具）将选区内的图像移动到新背景中完成抠图。在Photoshop中将路径转换为选区的方法很简单，可以直接通过按Ctrl+Enter组合键将路径转换为选区；还可以通过"路径"面板中的 ⬚（将路径作为选区载入）按钮将路径转换为选区；或在属性栏中单击 选区... （建立选区）按钮将路径转换为选区；或在"弹出"菜单中执行"建立选区"命令，将路径转换为选区，如图2-33所示。

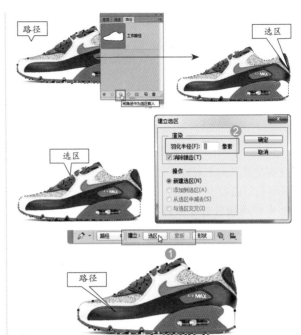

图2-33

3.使用钢笔抠图

下面讲解使用 🖊（钢笔工具）为复杂的女鞋进行抠图，在抠图的过程中主要了解 🖊（钢笔工具）在实际操作中的使用以及技巧，具体操作过程如下。

■ 操作步骤

01 启动Photoshop CC软件，打开一张拍摄的鞋子照片，如图2-34所示。

02 选择 🖊（钢笔工具）后，在属性栏中选择"模式"为"路径"后，再在图像中女鞋边缘单击创建起始点，沿边缘移动到另一点后按下鼠标创建路径连线后，拖动鼠标将连线调整为曲线，如图2-35所示。

图2-34　　　　　　图2-35

03 释放鼠标后，将指针拖动到锚点上，按住Alt键此时指针右下角出现一个 ◤ 符号，单击鼠标将后面的控制点和控制杆消除，如图2-36所示。

图2-36

图2-40

图2-41

在Photoshop中使用 ✐（钢笔工具）沿图像边缘创建路径时，创建曲线后当前锚点会同时拥有曲线特性。在创建下一点时如果不是按照上一锚点的曲线方向进行创建，将会出现路径不能按照自己的意愿进行调整的尴尬局面，此时我们只要结合Alt键在曲线的锚点上单击取消锚点的曲线特性，在进行下一点曲线创建时就会非常容易，如图2-37所示。

08 打开一张背景图，将抠取的素材拖曳到新素材合适的位置，效果如图2-42所示。

图2-42

取消锚点特性　　　没有取消锚点特性

图2-37

04 到下一点按住鼠标拖动创建贴合图像的路径曲线，再按住Alt键在锚点上单击，如图2-38所示。

2.1.3 蒙版抠图

蒙版抠图可以对图像进行保护式的抠图，文件中蒙版区域可以将图像隐藏，但是原图整体却没有遭到破坏，如图2-43所示。在蒙版抠图中编辑图像主要通过 ✐（画笔工具）、✐（橡皮擦工具）、■（渐变工具）以及矢量蒙版中的 ✐（钢笔工具）进行抠图操作。对于蒙版抠图大体可分为快速蒙版抠图和图层蒙版抠图。

图2-38

05 使用同样的方法在鞋子边缘创建路径，如图2-39所示。

原图　　　　　　　快速蒙版　　被保护区域

图2-39

06 当起点与终点相交时，指针右下角出现一个圆圈，单击鼠标完成路径的创建，如图2-40所示。

07 路径创建完成后，按Ctrl+Enter组合键将路径转换为选区，如图2-41所示。

图层蒙版　　　　　　　图像没有被破坏

图2-43

1. 快速蒙版抠图

在Photoshop的图像中将部分图像提取出来，这是一项既简单又复杂的事情，大家都有自己不同的方法。对初学者来说，抠图是一件很头痛和费时的事，在这里介绍一种简单实用且较为精确的抠图方法，即使用快速蒙版和 （画笔工具），是十分容易理解且操作简单的抠图方法。只要在快速蒙版状态下选择与之直径相适应的画笔涂抹即可，转换到标准模式后会自动将涂抹的区域转换为选区，此时移动选区内的图像到新背景中即可完成抠图，具体操作过程如下。

■ 操作步骤

01 启动Photoshop CC软件，打开附带的"洗衣液.jpg"素材文件，如图2-44所示。

02 在工具箱中将"前景色"设置为黑色，单击 回（以快速蒙版模式编辑）按钮，进入快速蒙版模式状态，如图2-45所示。

图2-44　　　　　图2-45

03 进入快速蒙版模式后，使用 （画笔工具）在产品上进行涂抹，如图2-46所示。

图2-46

技巧

在快速蒙版模式下使用 （画笔工具）进行编辑时，编辑的蒙版区域以"前景色"相对应；使用 （橡皮擦工具）进行编辑时，编辑的蒙版区域以"背景色"相对应。

04 随时调整画笔大小后在整个产品上进行涂抹，过程如图2-47所示。

图2-47

技巧

在快速蒙版模式下编辑范围超出了图像，只要将对应的颜色调整为白色，即可将多出的范围清除，如图2-48所示。

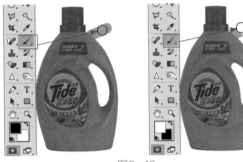

图2-48

05 蒙版编辑完成后，单击 回（以标准模式编辑）按钮，此时会将编辑的蒙版转换为选区，如图2-49所示。

06 执行菜单"选择|反向"命令或按Shift+Ctrl+I组合键将选区反选，此时选取范围会在产品上，如图2-50所示。

图2-49　　　　　图2-50

07 打开一张背景素材，使用 （移动工具）将选区内的图像移动到新背景中，如图2-51所示。

图2-51

2. 图层蒙版抠图

在Photoshop中通过图层蒙版可以更加直观地对图像进行抠图，抠图后不会对原图造成破坏，如果需要原图只要将蒙版隐藏即可恢复原图本来面貌。在图层中编辑蒙版可以通过![画笔工具]（画笔工具）、![橡皮擦工具]（橡皮擦工具）和![渐变工具]（渐变工具）进行操作。

1) 渐变工具编辑蒙版

在Photoshop中使用![渐变工具]（渐变工具）可以将两张图片进行渐进式的融合，方式包含线性渐变、径向渐变、角度渐变、对称渐变以及菱形渐变，通过渐变编辑蒙版可以将两个图层中的内容进行无缝连接而不会出现破坏图像的操作，如图2-52所示。

图2-52

2) 画笔工具编辑蒙版替换背景

在Photoshop中使用![画笔工具]（画笔工具）或![橡皮擦工具]（橡皮擦工具）编辑蒙版抠图可以更加细致地将两个图片进行融合并不对图像进行破坏。相对于![渐变工具]（渐变工具）可以将边缘处理得更加细致，具体的抠图方法如下。

■ 操作步骤

① 启动Photoshop CC软件，打开附带的"美食02.jpg"和"美食背景.jpg"素材文件，如图2-53所示。

图2-53

② 使用![移动工具]（移动工具）将"美食02"图像拖动到"美食背景"素材文件中，单击"添加图层蒙版"按钮![按钮]，为"图层1"图层添加一个空白蒙版，如图2-54所示。

图2-54

③ 将"前景色"设置为黑色，使用![画笔工具]（画笔工具）在糖果边缘进行涂抹，不要涂到美食上面，如图2-55所示。

图2-55

④ 使用![画笔工具]（画笔工具）编辑过程中尽量按照图像的需要随时调整画笔的直径大小，在图像中糖果以外的区域进行涂抹，过程如图2-56所示。

图2-56

中文版Photoshop+InDesign商业案例项目设计完全解析

图2-56（续）

05 此时的 "图层" 面板及最终效果如图2-57所示。

图2-57

2.1.4 通道抠图

通道抠图可以对图像进行局部半透明处理，此抠图通常应用在婚纱、玻璃制品等商品中，如图2-58所示。

半透明区域

图2-58

在Photoshop中，"通道"面板列出图像中的所有通道，对于 RGB、CMYK 和 Lab 图像，将最先列出复合通道。通道内容的缩览图显示在通道名称的左侧；在编辑通道时会自动更新缩览图，"通道"面板中一般包含复合通道、颜色通道、专色通道和Alpha通道，如图2-59所示。

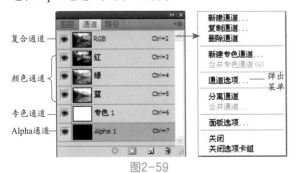

图2-59

📌 技巧

利用快捷键可以在复合通道与单色通道、专色通道和Alpha通道之间转换，按Ctrl+2组合键可以直接选择复合通道，按Ctrl+3、4、5、6、7等组合键可以快速选择单色通道、专色通道和Alpha通道。

1.通道的编辑

在Photoshop中使用"通道"进行抠图时，通常需要应用一些工具结合"通道"面板进行抠图的操作，在操作完成后必须要把编辑的通道转换为选区，再通过 🔀（移动工具）将选区内的图像拖动到新背景中完成抠图。对通道进行编辑时主要使用 🖌（画笔工具），通道中黑色部分为保护区域，白色区域为可编辑位置，灰色区域将会创建半透明效果，如图2-60所示。

图2-60

📌 技巧

默认状态下，使用黑色、白色以及灰色编辑通道可以参考表2-1所示进行操作。

表2-1 不同颜色的通道

涂抹颜色	彩色通道显示状态	载入选区
黑色	添加通道覆盖区域	添加到选区
白色	从通道中减去	从选区中减去
灰色	创建半透明效果	产生的选区为半透明

2. 通过通道为透明玻璃酒瓶抠图换背景

下面讲解使用 （钢笔工具）为酒瓶创建路径，再在"通道"面板中为酒瓶玻璃部分进行半透明抠图，具体操作过程如下。

■ 操作步骤

01 启动Photoshop CC软件，打开一张酒瓶照片，如图2-61所示。

02 选择（钢笔工具），在属性栏中选择"模式"为"路径"后，再在图像中瓶子边缘单击创建起始点，沿边缘移动到另一点按下鼠标创建路径连线后，拖动鼠标将连线调整为曲线，如图2-62所示。

图2-61　　　　　图2-62

03 释放鼠标，将指针拖动到锚点上按住Alt键，此时指针右下角出现一个 ⌐ 符号，单击鼠标将后面的控制点和控制杆消除，再到下一点处单击创建锚点，在曲线的区域按住鼠标拖动将路径调整为曲线，如图2-63所示。

图2-63

04 使用同样的方法在瓶子边缘创建路径，过程如图2-64所示。

图2-64

05 当起点与终点相交时，指针右下角出现一个圆圈，单击鼠标完成路径的创建，如图2-65所示。

图2-65

06 路径创建完成后，按Ctrl+Enter组合键将路径转换为选区，如图2-66所示。

07 在"通道"面板中单击"将选区储存为通道"按钮 ，如图2-67所示。

图2-66　　　　　图2-67

08 选择Alpha1通道，将选区填充为灰色，此时灰色就是半透明，如图2-68所示。

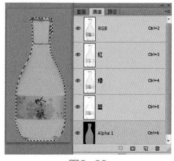

图2-68

09 将"前景色"设置为白色，使用 （画笔工具）在酒瓶不应为透明的区域进行涂抹，如图2-69所示。

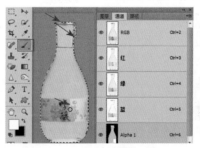

图2-69

⑩ 编辑完成后，单击 ▣（将通道作为选区载入）按钮，重新载入选区，如图2-70所示。

图2-70

⑪ 打开一张背景素材，如图2-71所示。

⑫ 使用 ▶+（移动工具）将选区内的图像移动到新背景中，此时发现玻璃部分是半透明效果，如图2-72所示。

图2-71　　　　　　图2-72

⑬ 抠图完成后对图像进行一下调整。执行菜单"图像|调整|色阶"命令，打开"色阶"对话框，其中的参数值设置如图2-73所示。

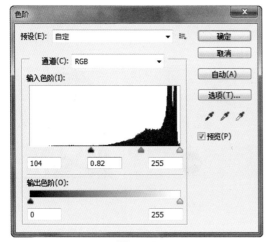
图2-73

⑭ 设置完成后，单击"确定"按钮。此时发现酒瓶对比已经加强，如图2-74所示。

⑮ 复制酒瓶垂直翻转后，调整位置得到倒影效果，如图2-75所示。

图2-74　　　　　　图2-75

⑯ 输入产品宣传文字和促销文字，用来吸引买家眼球，如图2-76所示。

图2-76

⑰ 为文字添加"外发光"、"光泽"和"描边"图层样式，增加视觉冲击力，最终效果如图2-77所示。

图2-77

2.1.5　毛发抠图

拍摄有模特或毛绒玩具的图片时，抠图会遇到人物的发丝或玩具毛边区域，如果单纯使用 ▽（多边形套索工具）或 ▷（钢笔工具）进行抠图，会发现毛发区域会出现背景抠不干净的效果，如图2-78所示。

图2-78

选区创建完成后，可以通过"调整边缘"命令，修整发丝处的背景，具体操作过程如下。

■ 操作步骤

(01) 启动Photoshop CC软件，打开一张丝巾素材。使用 （快速选择工具）在人物上拖动创建一个选区，如图2-79所示。

(02) 创建选区后，执行菜单"选择|调整边缘"命令，打开"调整边缘"对话框，选择 ☑（调整半径工具），在人物发丝边缘处向外按下鼠标拖动，如图2-80所示。

图2-79

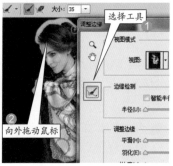
图2-80

(03) 在发丝处按下鼠标细心涂抹，此时会发现发丝边缘已经出现在视图中，拖动过程如图2-81所示。

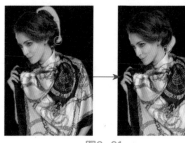
图2-81

(04) 涂抹后边缘处会有多余的部分，此时只要按住Alt键，在多余处拖动，就会将其复原，如图2-82所示。

图2-82

(05) 设置完成后，单击"确定"按钮。调出编辑后的选区如图2-83所示。

(06) 打开附带的"丝巾背景.jpg"素材文件，使用 （移动工具）将选区内的图像拖动到"丝巾背景"文档中，效果如图2-84所示。

(07) 按Ctrl+J组合键复制一个图层，使用 （加深工具）在人物发丝处进行涂抹，将发白的发丝加深颜色，效果如图2-85所示。

图2-83

图2-84

图2-85

(08) 至此，本案例制作完成，最终效果如图2-86所示。

图2-86

★★★★
2.2 图像处理中的色调调整

在Photoshop中对图像进行处理时色调调整部分是绕不开的，拍摄图片时并不是所有都能达到理想效果，有时会因为环境的问题，拍出的照片会出现发暗、曝光不足、颜色不正等问题，有时还需要对其中的图像进行改色。本节就通过案例讲解Photoshop CC校正此类问题的方法。如图2-87所示的图像为色调调整前后的对比。

改色调整

发暗调整

偏色调整

图2-87

2.2.1 色相/饱和度

使用"色相/饱和度"命令可以调整整个图片或图片中单个颜色的色相、饱和度和亮度。执行菜单"图像|调整|色相/饱和度"命令，打开如图2-88所示的"色相/饱和度"对话框。

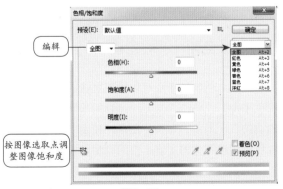

图2-88

该对话框中各选项的含义如下。

➤ 预设：系统保存的调整数据。

➤ 编辑：用来设置调整的颜色范围。

➤ 色相：通常指的是颜色，即红色、黄色、绿色、青色、蓝色和洋红。

➤ 饱和度：通常指的是一种颜色的纯度，颜色越纯，饱和度就越大；颜色纯度越低，相应颜色的饱和度就越小。

➤ 明度：通常指的是色调的明暗度。

➤ 着色：勾选该复选框后，只可以为全图调整色调，并将彩色图像自动转换成单一色调的图片。

➤ 按图像选取点调整图像饱和度：单击此按钮，使用鼠标在图像的相应位置拖动时，会自动调整被选取区域颜色的饱和度；按住Ctrl键拖动时会改变色相。

在"色相/饱和度"对话框的"编辑"下拉列表中选择单一颜色后，"色相/饱和度"对话框的其他功能会被激活，如图2-89所示。

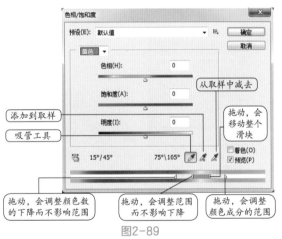

图2-89

➤ 吸管工具：可以在图像中选择具体编辑色调。

➤ 添加到取样：可以在图像中为已选取的色调再增加调整范围。

➤ 从取样中减去：可以在图像中为已选取的色调减少调整范围。

现在的商品琳琅满目、五颜六色，对每种颜色都进行单独拍摄不但浪费时间，还会因为拍摄时占用模特时间而产生多余的费用，这时我们只要使用Photoshop中的"色相/饱和度"调整功能，就可以轻松将一种颜色变为多种颜色，具体操作过程如下。

① 启动Photoshop CC软件，打开一张网拍女鞋照片，如图2-90所示。

② 在"图层"面板中单击 ● （创建新的填充或调整图层）按钮，在弹出的下拉菜单中选择"色相/饱和度"命令，如图2-91所示。

图2-90　　　　　　图2-91

③ 在打开的"色相/饱和度"的"属性"面板中，由于调整的只是鞋子颜色，这里我们选择"洋红"。然后拖动"色相"控制滑块，此时通过预览可以看到鞋子中洋红的颜色发生了变化，如图2-92所示。

拖动控制滑块

图2-92

④ 在"色相/饱和度"的"属性"面板中调整不同"色相"参数，可以得到多种颜色，效果如图2-93所示。

图2-93

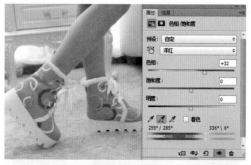

图2-93（续）

▶ 技巧

使用"色相/饱和度"命令调整颜色时，调整范围如果选择单色进行调整图像，会只对选取的颜色进行调整；如果选择的是全图，会针对所有颜色进行调整；创建选区后可以只对选区内的图像进行调整，如图2-94所示。灰度图像要想改变色相，必须先勾选"着色"复选框。

图2-94

2.2.2　色阶

使用"色阶"命令可以校正图像的色调范围和颜色平衡。"色阶"直方图可以用作调整图像基本色调的直观参考。调整方法是，使用"色阶"对话框通过调整图像的阴影、中间调和高光的强度级别来达到最佳效果。执行菜单"图像|调整|色阶"命令，打开如图2-95所示的"色阶"对话框。

中文版Photoshop+InDesign商业案例项目设计完全解析

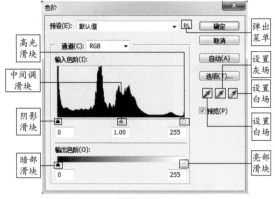

图2-95

该对话框中各选项的含义如下。

➢ 预设：用来选择已经调整完毕的色阶效果，单击右侧的倒三角形按钮即可弹出下拉列表。

➢ 通道：用来选择设定调整色阶的通道。

技巧

在"通道"面板中按住Shift键在不同通道上单击可以选择多个通道，再在"色阶"对话框中对其进行调整。此时在"色阶"对话框中的"通道"选项中将会出现选取通道名称的字母缩写。

➢ 输入色阶：在输入色阶对应的文本框中输入数值或拖动滑块来调整图像的色调范围，以提高或降低图像对比度。

➢ 输出色阶：在输出色阶对应的文本框中输入数值或拖动滑块来调整图像的亮度范围，"暗部"可以使图像中较暗的部分变亮；"亮部"可以使图像中较亮的部分变暗。

➢ 弹出菜单：单击该按钮可以弹出下拉菜单，其中包含储存预设、载入预设和删除当前预设。执行"储存预设"命令，可以将当前设置的参数进行储存，在"预设"下拉列表中可以看到被储存选项；执行"载入预设"命令，可以载入一个色阶文件作为对当前图像的调整；执行"删除当前预设"命令，可以将当前选择的预设删除。

➢ 自动：单击该按钮可以将"暗部"和"亮部"自动调整到最暗和最亮。单击此按钮

执行命令得到的效果与"自动色阶"命令相同。

➢ 选项：单击该按钮可以打开"自动颜色校正选项"对话框，在该对话框中可以设置"阴影"和"高光"所占的比例。

在太阳下或光线不足的环境中拍照时，如果没有控制好相机的设定，就会拍出太亮或太暗的照片。如果是曝光不足照片，画面会出现发灰或发黑的效果，从而影响照片的质量。要想将照片以最佳的状态进行储存，一是在拍照时调整好光圈、角度和位置，以达到最佳效果；二是将照片拍坏后，使用Photoshop对其进行修改，得到最佳效果。本案例讲解使用"色阶"命令修正拍照时曝光不足而产生的发灰效果，具体操作过程如下。

■ 操作步骤

01 启动Photoshop CC软件，打开一张曝光不足的照片，如图2-96所示。

图2-96

02 通过观察打开的素材，我们会发现照片好像被蒙上了一层灰色，看起来十分不舒服。下面就通过"色阶"命令将初步的灰色去掉。执行菜单"图像|调整|色阶"命令或按Ctrl+L组合键，打开"色阶"对话框，如图2-97所示。

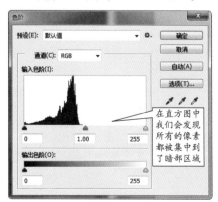

在直方图中我们会发现所有的像素都被集中到了暗部区域

图2-97

03 在该对话框中向左拖曳"高光"控制滑块到有

像素分布的区域，如图2-98所示。

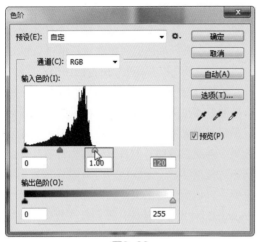

图2-98

> 技巧

在"色阶"对话框中，直接拖动控制滑块可以对图像进行色阶调整；在文本框中直接输入数值同样可以对图像的色阶进行调整。

04 设置完成后，单击"确定"按钮。此时的效果已经校正了曝光不足效果，如图2-99所示。

图2-99

> 技巧

如果出现拍摄照片对比不强的效果，同样可以在"色阶"对话框中直接拖动控制滑块来增强图像的对比，如图2-100所示。

图2-100

图2-100（续）

2.2.3 色彩平衡

使用"色彩平衡"命令可以单独对图像的阴影、中间调和高光进行调整，从而改变图像的整体颜色。执行菜单"图像|调整|色彩平衡"命令，打开如图2-101所示的"色彩平衡"对话框。在该对话框中有3组相互对应的互补色，分别为青色对红色、洋红对绿色和黄色对蓝色。例如，减少青色那么就会由红色来补充减少的青色。

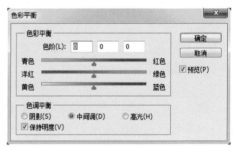

图2-101

该对话框中各选项的含义如下。

➢ 色彩平衡：可以在对应的文本框中输入相应的数值或拖动下面的三角滑块来改变颜色的增加或减少。

➢ 色调平衡：可以选择在阴影、中间调或高光中调整色彩平衡。

➢ 保持明度：勾选此复选框后，在调整色彩平衡时保持图像亮度不变。

在使用相机拍照时，由于拍摄的原因常常会出现一些偏色的照片，接下来就使用Photoshop轻松修正照片偏色的方法，从而还原相片的本色，具体操作过程如下。

■ 操作步骤

01 启动Photoshop CC软件，执行菜单"文件|打开"命令或按Ctrl+O组合键，打开附带的"偏色照片.jpg"素材文件，如图2-102所示。

中文版Photoshop+InDesign商业案例项目设计完全解析

02 按Ctrl+J组合键复制"背景"图层，得到"图层1"图层，如图2-103所示。

图2-102

图2-103

03 新建一个"图层2"图层，将"前景色"设置为R:125、G:125、B:125，按Alt+Delete组合键填充前景色，如图2-104所示。

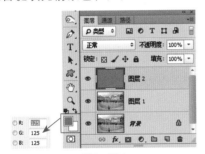

图2-104

04 设置图层混合模式为"差值"，效果如图2-105所示。

图2-105

05 按Ctrl+E组合键向下合并图层。执行菜单"图像|调整|阈值"命令，打开"阈值"对话框，设置"阈值色阶"为25，如图2-106所示。

图2-106

06 设置完成后，单击"确定"按钮。此时，再使用 🖋️（颜色取样工具）在图像中黑色位置上单击，进行取样，如图2-107所示。

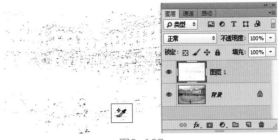

图2-107

温馨提示

在黑色上取样的目的是将图像进行更加准确的颜色校正。此处的黑色就是原图像中的灰色区域。

07 将"图层1"图层隐藏，选中"背景"图层，如图2-108所示。

图2-108

08 执行菜单"窗口|信息"命令，打开"信息"面板。使用 🖋️（吸管工具）将指针移动到取样点上，此时在"信息"面板中可以看到颜色信息中的红色比较少，如图2-109所示。

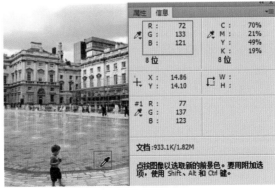

图2-109

09 执行菜单"图像|调整|色彩平衡"命令，打

开"色彩平衡"对话框，调整各选项参数如图2-110所示。

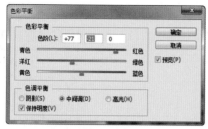

图2-110

⑩ 将鼠标指针再次移动到选取点上，此时发现调整后的颜色R、G、B数值比较接近，如图2-111所示。

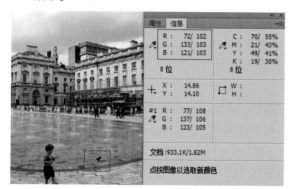

图2-111

⑪ 单击"确定"按钮，完成偏色的调整，效果如图2-112所示。

图2-112

2.2.4 阴影/高光

使用"阴影/高光"命令主要是修整在强背光条件下拍摄的照片。执行菜单"图像|调整|阴影|高光"命令，会打开如图2-113所示的"阴影/高光"对话框。

该对话框中各选项的含义如下。

➢ 阴影：用来设置暗部在图像中所占的数量多少。

➢ 高光：用来设置亮部在图像中所占的数量多少。

➢ 数量：用来调整"阴影"或"高光"的浓度。"阴影"的"数量"越大，图像上的暗部就越亮；"高光"的"数量"越大，图像上的亮部就越暗。

➢ 色调宽度：用来调整"阴影"或"高光"的色调范围。"阴影"的"色调宽度"数值越小，调整的范围就越集中于暗部；"高光"的"色调宽度"数值越小，调整的范围就越集中于亮部。当"阴影"或"高光"的值太大时，也可能会出现色晕。

➢ 半径：用来调整每个像素周围的局部相邻像素的大小，相邻像素用来确定像素是在"阴影"还是在"高光"中。通过调整"半径"值，可获得焦点对比度与背景相比的焦点的级差加亮（或变暗）之间的最佳平衡。

➢ 颜色校正：用来校正图像中已做调整的区域色彩，数值越大，色彩饱和度就越高；数值越小，色彩饱和度就越低。

➢ 中间调对比度：用来校正图像中中间调的对比度，数值越大，对比度越高；数值越小，对比度就越低。

➢ 修剪黑色/白色：用来设置在图像中会将多少阴影或高光剪切到新的极端阴影（色阶为0）和高光（色阶为255）颜色。数值越大，生成图像的对比度越强，但会丢失图像细节。

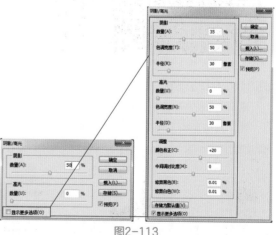

图2-113

在拍摄照片时经常会遇到人物后面的光源非常强,此时拍出的照片人物的面部会变得很黑。本次练习主要了解"阴影/高光"命令调整背光的使用方法。

■ 操作步骤

01 启动Photoshop CC软件,执行菜单"文件|打开"命令或按Ctrl+O组合键,打开附带的"背光照片.jpg"素材文件,如图2-114所示。

02 打开素材后发现照片中人物面部较暗,此时只要执行菜单"图像|调整|阴影|高光"命令,打开"阴影/高光"对话框,设置"阴影"的"数量"为50%、"高光"的"数量"为0,如图2-115所示。

图2-114　　　　　　　　图2-115

03 设置完成后,单击"确定"按钮。调整背光照片后的效果,如图2-116所示。

图2-116

2.3 图像的瑕疵修复

拍照时照片中自带的日期或拍摄主体边缘的杂物、背景中的人物、溅到物品上的污渍等,都需要通过后期的操作将其清除。在Photoshop中主要以(修补工具)、(污点修复画笔工具)、(修复画笔工具)和"内容识别"填充命令等来完成瑕疵修复操作,还可以通过Photoshop来将图像变得更加清晰或为人物进行磨皮处理。如图2-117所示的图像为瑕疵修复前后的对比。

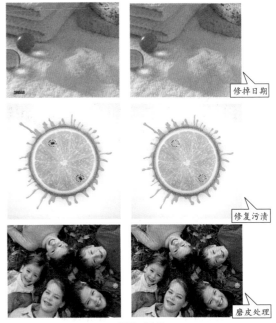

修掉日期

修复污渍

磨皮处理

图2-117

2.3.1 修补工具清除照片中的日期

该工具的使用方法是通过创建的选区来修复目标或源。例如,在照片中的日期或污渍上创建选区,使用(修补工具)拖动选区内容到与背景纹理相一致的区域,释放鼠标即可清除日期,如图2-118所示。

沿文字边缘创建选区

图2-118

2.3.2 内容识别填充修复照片中的日期

"内容识别"填充可以结合选区来将图像中的多余部分进行快速修复,应用方法是在文字周围创建选区,执行菜单"编辑|填充"命令,打开"填

充"对话框,在"使用"下拉列表中选择"内容识别"选项,设置完成后单击"确定"按钮,如图2-119所示。应用此命令同样可以将污渍图像进行修复。

图2-119

2.3.3 修复画笔工具修复图像中的日期

使用 （修复画笔工具）可以对被破坏的图片、有瑕疵的图片或照片中的日期进行修复。使用该工具进行修复时首先要进行取样（取样方法为按住Alt键在图像中单击），再使用鼠标在被修的位置上涂抹。使用样本像素进行修复的同时可以把样本像素的纹理、光照、透明度和阴影与所修复的像素相融合。 （修复画笔工具）一般常用于修复瑕疵图片。

 （修复画笔工具）的使用方法是,只要在需要被修复的图像周围按住Alt键单击鼠标设置源文件的选取点后,释放鼠标将指针移动到要修复的地方,按住鼠标跟随目标选取点拖动,便可以轻松修复。如图2-120所示为修复图像的过程。

图2-120

2.3.4 污点修复画笔工具修复照片中的瑕疵

使用 （污点修复画笔工具）可以十分轻松地将图像中的瑕疵修复。该工具的使用方法非常简单,只要将鼠标指针移到要修复的位置,按下鼠标拖动即可对图像进行修复。其原理是将修复区周围的像素与之相融合来完成修复。

 （污点修复画笔工具）一般常用在快速修复图片或照片。该工具的使用方法是,在图像中要修复的图像上按下鼠标拖动,即可完成修复,如图2-121所示。

图2-121

> **温馨提示**
>
> 使用污点修复画笔工具修复图像时最好将画笔调整得比污点大一些,如果修复区的边缘像素反差较大,建议在修复周围先创建选取范围再进行修复。

2.3.5 磨皮美容

在为服装拍摄照片时,会找到适合当前服装的模特作为拍摄的载体,但有时会因为光线或对相机的不熟悉而造成模特肌肤不够白,从而会间接影响服装的魅力程度。再美的服装也要模特来衬托,漂亮的模特会大大提升服装本身的价值。本案例就来讲解为照片中服装模特进行磨皮的方法,具体操作过程如下。

■ 操作步骤

01 启动Photoshop CC软件，打开一张服装模特照片，如图2-122所示。

图2-122

02 选择 ，在属性栏中设置"模式"为"正常"，"类型"为"内容识别"，在脸上雀斑较大的位置单击，对其进行初步修复，如图2-123所示。

图2-123

03 执行菜单"滤镜|模糊|高斯模糊"命令，打开"高斯模糊"对话框，设置"半径"为7.0像素，如图2-124所示。

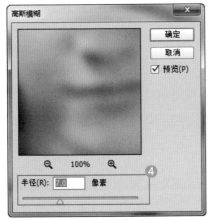

图2-124

04 设置完成后，单击"确定"按钮，效果如图2-125所示。

05 选择 ，在属性栏中设置"不透明度"为38%、"流量"为38%。执行菜单"窗口|历史记录"命令，打开"历史记录"面板，在"高斯模糊"步骤前单击调出恢复源，再选择最后一个"污点修复画笔"选项，使用 在人物的面部涂抹，效果如图2-126所示。

图2-125

图2-126

▶ 温馨提示

在使用 恢复某个步骤时，将"不透明度"与"流量"设置得小一些可以避免恢复过程中出现生硬效果，并可以在同一点进行多次的涂抹修复，而不会对图像造成太大的破坏。

06 使用 在人物的面部需要美容的位置进行涂抹，可以在同一位置进行多次涂抹，恢复过程如图2-127所示。

图2-127

07 在人物的皮肤上进行精心的涂抹，直到满意为止，效果如图2-128所示。

图2-128

2.3.6 调整模糊照片

使用相机进行网拍时，受外界环境的影响，常常会使照片效果有一种朦胧模糊的感觉；或者是拍摄照片时由于技术原因，很多照片都拍得有些模糊，此时只要使用Photoshop进行锐化处理便可以将照片变得清晰，具体的调整方法如下。

■ 操作步骤

01 启动Photoshop CC软件，执行菜单"文件|打开"命令或按Ctrl+O组合键，打开附带的"模糊照片.jpg"素材文件，如图2-129所示。

02 此时发现素材的清晰度不是很高，这里我们只要将丝巾所在的图层进行复制，得到一个副

本。执行菜单"滤镜|其他|高反差保留"命令，打开"高反差保留"对话框，其中的参数值设置如图2-130所示。

图2-129

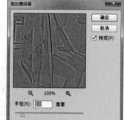

图2-130

03 设置完成后，单击"确定"按钮。在"图层"面板中设置图层混合模式为"叠加"、"不透明度"为60%，效果如图2-131所示。

图2-131

03
第 3 章
InDesign中的版式要素及版式基础

InDesign是一款功能非常强大的排版软件，其版面的控制功能更是全面而实用。同时，掌握版面要素和操作方法也是排版人员和设计人员必需的基本技能之一。

本章主要讲解点、线、面在版式设计上的构成及变化规律，同时也讲解一些关于InDesign中的参考线、框架的使用、设置分栏、文本绕排等常用操作和技巧。通过学习这些内容，可以帮助读者更快更好地掌握版面设计的应用和技巧。

3.1 点在版式设计上的构成及变化规律

平面设计中的基础由点、线、面组成，很多人在实际工作中只是注重整体的效果，而不重视基础的组成，到头来，这些所谓的设计作品都是一些没有灵魂和骨骼的外壳，已经失去了最终的设计意义。对于基础的掌握，首先要在"点"上进行了解。通常来说，"点"是被用来表示位置的，不表示面积、形状。"点"虽由一定的面积构成，但对于大小面积的界面主要是看它相对于与什么样的对象进行对比决定的。

3.1.1 认识版式中的点

版式中的"点"并不是我们平时所说的一个点，而是在版面中对比面和线更小的那个面积。若将版式中的某个区域看作是一个点，"点"可以是一个色块，也可以是一个面积，还可以是某个文字或区域文字，相对于大面积的小区域就可以被认作是"点"，如图3-1所示。

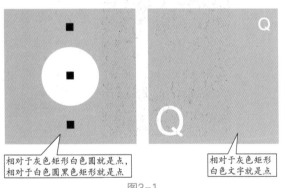

相对于灰色矩形白色圆就是点，相对于白色圆黑色矩形就是点

相对于灰色矩形白色文字就是点

图3-1

3.1.2 点的构成

"点"是所有状态发生变化之前的根源，同时也是最简约、最基本的构成元素之一。"点"虽然面积小，但是当对它的形状、方向、大小、位置等进行编排设计后，"点"就会变得相当具有表现力。版式设计中"点"的位置、移动、聚集、连续形成了"点"的不同形态并赋予不同的情感。其特性表现在它的大小、所在空间的位置、点之间的距离、点的聚集等方面。

1. 点的大小

大点与小点之间可以形成一定的对比关系。大小不一的点在视觉上就形成了一定的强弱、主次关系，同时给人一种视觉的空间感和强烈的形式美感，如图3-2所示。

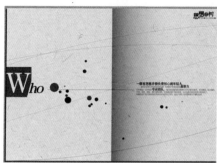

图3-2

2. 点的重复

"点"有序的重复排列在视觉上则给人一种机械的、冷静的感受。当"点"在版面中以水平的方向排列，则带给人安定、平稳的感觉。在大面积黑色底上，白色的文字形成细小的点，犹如纤纤细雨，给人以柔和细腻的心理感受。版面的中心位置将文字密集，形成点的集合和图形化，使人的整体视觉感受有一种冷静渗透其中。元素有规律的重复、稳定的构图使这种点的有序重复形成了一种较为稳定的视觉效果，如图3-3所示。

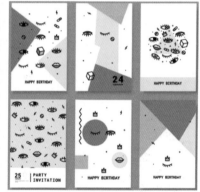

图3-3

3. 点的集散与疏密

"点"的元素在集聚时所排列的形式、连续的程度、大小的变化、均能够表现出不同的情感。"点"在版面上的集散与疏密的排列会带给人们一种空间的视觉效果。这将强调了点的空间化，加强了整体化的形式感，使点和空间融为一体，强化了元素的表现力和视觉的个性。同样大小的"点"等距离排列在版面中具有安定均衡感，大小参且不等疏密排列在版面中具有跳动和不规则感，点的位置不同在版式设计中能够产生不同的方向感，如图3-4所示。

图3-4

4. 点的距离

同一画面中，如果有两个相同大小的"点"（图形、色彩、文字），相距一定的距离时，这两点之间就会产生一种内在的张力，视线就会往复于两点之间，两点间好像有一种无形的线存在。当两个"点"的大小不同时，大点会向小点逐渐移动，最后集中到小点上，越小的点，集聚性越强，如图3-5所示。

中文版Photoshop+InDesign商业案例项目设计完全解析

图3-5

> ● **温馨提示**

通过对"点"的排列，能够使版面产生不同的效果，给读者带来不同的心理感受。把握好"点"的排列形式、方向、大小、数量、分布，可以形成稳重、活泼、动感、轻松等不同的版面效果。

3.2 线在版式设计上的构成及变化规律

"线"只具有位置、长度、方向，而不具有宽度和厚度，它是"点"进行移动的轨迹。从造型含义上说，它是具体对象的抽象形式，所以"线"的位置、长度和一定的宽度是可感知的。"线"是对"点"静止状态的破坏，因此由"线"构成的视觉元素更显得丰富，形式更为多样。

3.2.1 认识版式中的线

"线"是由无数个"点"构成的，是"点"的发展和延伸，其表现形式非常多样。同样作为版面空间的构成元素，"点"只能作为一个独立体，而"线"则能够将这些独立体统一起来，将"点"的效果进行延伸。线可以是连接的直线、由点组成的虚线、曲线、文字组成的线等，如图3-6所示。

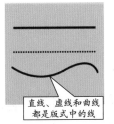
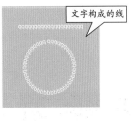

文字构成的线

直线、虚线和曲线都是版式中的线

图3-6

3.2.2 线的构成

"线"是点的移动所产生的轨迹。那么在版式设计中，"线"也可以是一排文字、一条空白或一条色带。然而每一条线都有属于自己独特的表现方式。在传统书籍设计中行栏的分割就是线的一种表现形式。它给人以一种秩序的美、规则的美。垂直方向的线令人产生向上的感觉，曲线带给人们一种流畅、柔美的感觉。线条的粗细也会带给人们不同的视觉感受，即使两根相同长度的线条，不同的粗细，也会带给人们远近不同的感受，这就是所谓的线的表情。

1. 重叠的线条

在版面中的"线"可以有多种表现形式，重叠就是其中的一种。其中，手绘的线条比机械的直线更能让人从心理上产生自然和轻松的视觉感受，如图3-7所示。

图3-7

2. 规则的线条

规则形式的线条在视觉表现上更为清晰、理性，富有较强的方向感、指向性、视觉语言统一，但又不失生动，如图3-8所示。

图3-8

3. 空间感十足的线条

利用线条的平面空间处理方法，使线条成为一个画面的主要视觉语言，然后再利用线条所具有的空间感，将二维的平面向三维的空间推移，形成独特的视觉效果，如图3-9所示。

图3-9

> **温馨提示**
>
> 版式设计的直线化排列给人明确、简洁和锐利的感觉。长线化的排列具有持续、速度和时间感。短线化的排列具有断续、迟缓、动感等特性。

"面"在平面设计中相当于一部电影中的主角，是一幅作品里面最重要的组成部分。在整个版面中，"面"所占的面积是最大的，所以"面"的表现方式直接决定了版面的风格和气质。

在点、线、面这3种构成要素中，"点"和"线"都是辅助元素，它们既有功能性又有装饰性，但是它们都不是画面中的主角。虽然它们并不是版面中的主角，但它们是不可或缺的重要元素，而版面中真正的主角就是"面"。设计师对版面中面积的刻画和表现，决定了所设计的版面是什么风格和气质。

1. 一个面

"面"作为设计中一种重要的符号语言，被广泛地运用到设计中。如果在一个版面中只有一个"面"，那么它是整个版面中当之无愧的主角，也是整个版面中需要重点突出表现的内容，如图3-10所示。

图3-10

2. 两个面

一项工作由两个人来完成，这时两个人都是主角，只是按任务的划分要有主次之分。版式设计也是相同的道理，在版面中某一个元素很重要，那在设计时就让它在版面中所占的面积大一些，另一个元素相对不是那么重要，就让它在版面中所占的面积小一些，如图3-11所示。

3. 多个面

在一个版面中还可以同时存在多个"面"，但是同样也要分清主次，重要的元素就让它在版面中所占的面积大一些，次要的就在版面中占的面积小一些。多个"面"构成的版面能够给人一种丰富和有层次感的视觉效果，如图3-12所示。

中文版Photoshop+InDesign商业案例项目设计完全解析

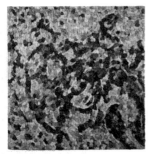

图3-11

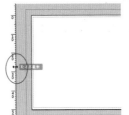

图3-12

> **温馨提示**
>
> "面"是"点"的密集或线的移动轨迹。在版式设计中，"面"的概念是视觉效果中点的扩大与平面集合，线的宽度增加与平移、翻转，均可产生面的感觉。直线的变化可以产生正方形、长方形、圆形以及其他形状。

3.4 参考线应用

在版面设计过程中，为了将图片或文本放置到精确的位置或者划分出多个区域，这时就可以借助参考线来进行操作。利用参考线的相关属性可以快速并准确地制作出需要的版面效果。

> **温馨提示**
>
> InDesign中的参考线只在页面中进行显示，不参与最终的打印。

3.4.1 在当前编辑页面中使用参考线

在参考线的应用过程中，我们经常使用的是在当前的编辑页面中插入参考线，方法非常简单。下面就来讲解使用参考线的方法。

■ 操作步骤

01 将鼠标指针移动到左侧标尺处，按下鼠标左键向页面中拖曳，释放鼠标后就可以在页面中创建参考线，拖动到页面中心位置时会自动停顿一下，如图3-13所示。

图3-13

02 使用同样的方法再拖曳出3条参考线，将鼠标移动到上面标尺处，按下鼠标向下拖曳，创建一个水平的参考线，如图3-14所示。此时，创建的参考线都是当前页的参考线。

图3-14

技巧

同样是在标尺上按住鼠标向内侧拖曳，将鼠标指针拖曳到页面外部释放鼠标，此时创建的参考线会显示在页面外面，如图3-15所示。

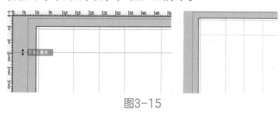

图3-15

技巧

在拖曳创建参考线时，按住Shift键，可以使参考线强行对齐到标尺刻度。参考线的颜色可以通过执行菜单"版面|标尺参考线"命令，在打开的对话框中进行设置。

03 执行菜单"文件|置入"命令，置入一张背景图，将其移动到页面中，如图3-16所示。

图3-16

04 使用▣（矩形工具）在页面中绘制一个白色矩形，将"描边"设置为"无"，在"效果"面板中设置"不透明度"为65%，如图3-17所示。

图3-17

05 使用▣（矩形工具）在页面中水平参考线上绘制一个小矩形框，并复制两个副本。执行菜单"对象|路径查找器|添加"命令，将3个矩形框

合并为一个对象，如图3-18所示。

图3-18

06 选择合并后的3个矩形框，再次置入背景图像，将其分别放置到矩形框内，双击鼠标调整位置，如图3-19所示。

图3-19

07 使用 T （文字工具）输入文字，再通过 ▶ （选择工具）调整文字位置使其与参考线对齐，如图3-20所示。

图3-20

08 执行菜单"视图|网格和参考线|隐藏参考线"命令，可以将参考线暂时隐藏，如图3-21所示。如果想再显示参考线只要执行菜单"视图|网格和参考线|显示参考线"命令即可。

图3-21

> **技巧**

显示与隐藏参考线的快捷键是Ctrl+;。需要注意的是，隐藏参考线与删除参考线不同，参考线可以反复隐藏与显示，而一旦删除参考线，想要再使用参考线的话就必须重新创建了。删除参考线的方法是，选择参考线后按Delete键就可以将其删除。

3.4.2 在主页中使用参考线

应用参考线时并不是每次都是为了一个页面，有时为了将同样的参考线应用到多个页面中，我们就可以在InDesign的主页中添加和设置，然后将其应用需要设置参考线的页面中，从而快速地得到统一的参考线效果。在主页中的参考线操作方法与普通编辑页面中相同，而且在主页中编辑参考线后，页面中的参考线也会跟着改变。下面看一下插入参考线后的效果。

■ 操作步骤

01 新建一个3页面的空白文档，在"页面"面板中双击主页图标，进入到主页编辑状态，如图3-22所示。

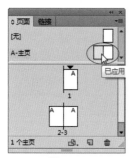

图3-22

02 分别在奇数页和偶数页中输入文字，以此区分页面，然后将鼠标指针移动到左侧标尺处，按下鼠标左键向页面中拖曳，释放鼠标后就可以

在页面中创建参考线。同样方法在主页中创建4条参考线，如图3-23所示。

图3-23

03 此时，在"页面"面板中只要选择页面，就可以看到与主页相同的参考线和文字，如图3-24所示。

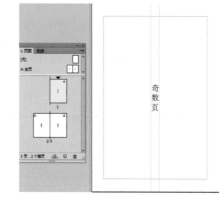

图3-24

04 下面看看通过命令创建参考线的方法。执行菜单"版面|创建参考线"命令，打开"创建参考线"对话框，设置"行数"为3、"栏数"为3，其他都为默认值，如图3-25所示。

图3-25

该对话框中各选项的含义如下。

➢ 行：用来设置水平的分栏数。

   * 行数：用来设置水平分栏数量。

   * 行间距：用来设置水平分栏参考线之间的距离。

> 栏：用来设置垂直的分栏数。

* 栏数：用来设置垂直分栏数量。

* 栏间距：用来设置垂直分栏参考线之间的距离。

> 参考线适合：用来设置参考线分栏时对应的是页面还是页边距。

> 移去现有标尺参考线：把之前页面中的参考线清除。

05 设置完成后，单击"确定"按钮。此时会看到参考线被均匀地分布到页面中，如图3-26所示。

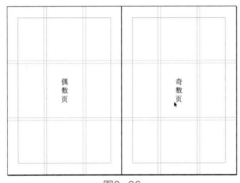

图3-26

06 此时，选择页面1就可以在该页面中看到相同的参考线了，如图3-27所示。

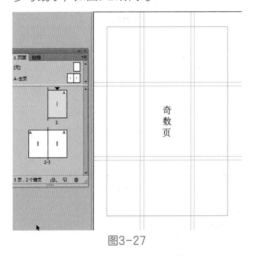

图3-27

温馨提示

主页中设置的参考线在当前的编辑页面中是无法直接进行编辑操作的，如果想要将其提取到当前页面中，只要按住Shift+Ctrl组合键的同时单击参考线就可以将其提取出来了。对其编辑后会发现其他页面中的参考线是不变的，如图3-28所示。

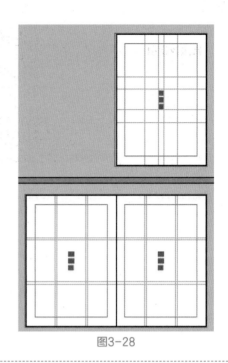

图3-28

技巧

创建的参考线除了可以直接拖曳外，还可以通过双击 （选择工具）图标，在弹出的"移动"对话框中进行设置，如图3-29所示；为了防止参考线被移动，我们可以将其进行锁定，只要执行菜单"视图|网格和参考线|锁定参考线"命令，即可将其锁定；如果想让图像或文字被参考线自动吸附，只要执行菜单"视图|网格和参考线|靠齐参考线"命令即可。

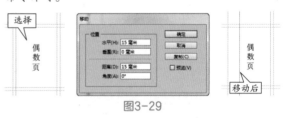

图3-29

3.5 使用框架

在InDesign中的框架可以形象地认为就是一个窗口，其内容可以包含文本、图像、图形或者是填色等对象，也可以是空的。由于框架可以包含其他对象内容，故而框架的大小可以超出所包含的对象尺寸范围，也可以将内容部分遮盖住。当框架中没有内容时，通常用来在版面中做占位符使用。

3.5.1　框架的创建

在InDesign中，创建框架的方法有很多种。当用户将图片或文字置入到文档中时，会在置入内容的同时创建适合的框架。方法是，执行菜单"文件|置入"命令，选择一个图像将其置入到当前页面中，选择图片就可以看到图片的定界框，如图3-30所示。

图3-30

使用 （选择工具）双击图片进入图片选取状态，拖曳控制点将图片缩小，此时可以看见外围的框架效果。这点正好可以说明置入图片后会自动创建框架，为了查看方便，选择框架后将其填充一种颜色，如图3-31所示。

图3-31

> **温馨提示**

框架和定界框的形状如果都是矩形，在操作时容易对两者产生误会，实际上两者是有本质的区别的。定界框是用来调整对象的，比如缩放或旋转，不管对象的形状是什么样子，定界框始终都是矩形。而框架则是对象的外形，不一定是矩形，可以是圆形、多边形等。框架中的内容受框架的形状影响，以此来决定显示多少内容以及内容显示的位置和效果。

置入的图像可以自动创建一个矩形框架，那么如何为图像应用一个除矩形以外的框架？我们只要在InDesign中绘制一个形状，比如直接使用 （椭圆工具）在页面中绘制一个正圆形，然后确保正圆处于选取状态，这时执行菜单"文件|置入"命令，就可以将置入的图像直接以正圆形框架进行显示，双击进入图片选取状态将图像缩小到合适大小即可，如图3-32所示。

图3-32

> **技巧**

默认情况下，框架和框架内的对象是不能一同进行缩放的。如果想要一同进行调整，只要按住Shift+Ctrl组合键的同时拖曳控制点就可以了。

在InDesign中，还可以为文本创建框架，方法非常简单，只要在页面中输入文字，在文字周围就会自动创建一个框架，如图3-33所示。

图3-33

文本处理除在文档中输入以外，还可以通过"置入"命令，将文本置入到当前文档中。执行菜单"文件|置入"命令，选择文本文件，单击"打开"按钮，此时在文档中按下鼠标拖曳就可以将文档置入到拖曳框内，如图3-34所示。

图3-34

单击右下角的红色加号图标，再次拖动鼠标创建一个文本框，会将超出范围内的文字放置到新绘制的文本框中，使用同样的方法可以将文本放置到多个文本框中，如图3-35所示。

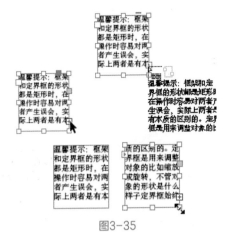

图3-35

还可以将文本框中的内容与其他形状的框架进行串联，使用 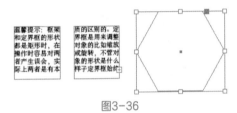（多边形工具）在文档中绘制一个六边形，如图3-36所示。

图3-36

单击文本框右下角的红色加号图标，将多余文本进行复制，再在六边形内单击，如图3-37所示。

图3-37

在六边形内单击后，系统会自动将多余的文字放置到六边形框架内，如图3-38所示。

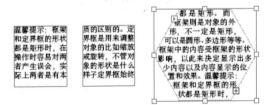

图3-38

3.5.2 框架的应用技巧

在InDesign中，框架对象与形状对象在很多地方都非常相似。创建框架对象后，同样可以调整框架形状、设置框架的描边和填充等，用户可以根据实际应用情况来选择不同的编辑方法。

1. 为框架添加描边和投影

■ 操作步骤

01 新建一个空白文档，执行菜单"文件|置入"命令或按Ctrl+D组合键，打开"置入"对话框，置入附带的"汽车.jpg"素材文件，如图3-39所示。

图3-39

02 使用 （选择工具）拖曳空间的控制点将框架缩小，此时会发现图片有一些边缘部分被隐藏了，如图3-40所示。

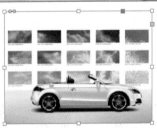

图3-40

03 在图片上单击确保图片被选取，执行菜单"窗口|描边"命令，打开"描边"面板，设置"粗细"为4点，设置"描边颜色"为灰色，效果如图3-41所示。

04 执行菜单"对象|效果\投影"命令，打开"效果"对话框，其中的参数值设置如图3-42所示。

中文版Photoshop+InDesign商业案例项目设计完全解析

图3-41

图3-42

05 设置完成后，单击"确定"按钮，效果如图3-43所示。

06 按住Alt键拖曳图像复制一个副本，按Ctrl+Shift组合键将图像等比例缩小并移动位置，如图3-44所示。

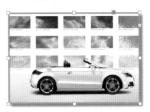

图3-43　　　　　图3-44

07 将鼠标移动到框架的4个角的外部，鼠标指针会变成旋转符号↩，此时拖动鼠标就可以将框架及框架内的对象一同进行旋转，如图3-45所示。

图3-45

2. 调整框架的形状

■ 操作步骤

01 选择一个新页面，按Ctrl+D组合键，打开"置入"对话框，置入附带的"攀岩.jpg"素材文件，如图3-46所示。

02 使用 T.（文字工具）在图像上拖曳出一个文本框，然后在文本框中输入文字，如图3-47所示。

图3-46　　　　　　　图3-47

▶ 温馨提示

默认情况下，在文本框中输入文字后，文本框的描边和填充都是"无"，将其放置到对象上面会显示底层的内容。

03 执行菜单"对象|文本框架选项"命令，打开"文本框架选项"对话框，设置"内边距"为2毫米，如图3-48所示。

图3-48

04 设置完成后，单击"确定"按钮，效果如图3-49所示。

图3-49

05 使用 ✐（添加锚点）在框架上单击为其添加锚点，再使用 ⬉（直接选择工具）调整锚点位置，效果如图3-50所示。

图3-50

06 使用 ⬐（转换点工具）在锚点上单击拖动，将尖突节点转换为平滑节点，再使用 ⬉（直接选择工具）调整锚点方向，效果如图3-51所示。

图3-51

3. 使用"适合"命令

使用"适合"命令来自动调整内容与框架的关系。首先使用 ⬉（选择工具）选中对象，然后执行菜单"对象|适合"命令，在弹出的子菜单中可以选择一种类型来重新适应此框架，如图3-52所示。

图3-52

该子菜单中各命令的含义如下。

➤ 按比例填充框架：调整内容大小以填充整个框架，同时保持内容的比例。框架的尺寸不会更改，但是如果内容和框架的比例不同，框架的外框将会裁剪部分内容。

➤ 按比例适合内容：调整内容大小以适合框架，同时保持内容的比例。框架的尺寸不会更改，但是如果内容和框架的比例不同，将会出现一些空白区。

➤ 使框架适合内容：调整框架大小以适合内容。

➤ 使用内容适合框架：调整内容大小以适合框架，并允许更改内容比例。框架的尺寸不会更改，但如果内容和框架具有不同的比例，则内容可能显示为拉伸状态。

➤ 内容居中：将内容放置在框架的中心，内容和框架的大小不会改变，其比例会保持。

➤ 清除框架适合选项：将应用的适合命令清除。

➤ 框架适合选项：执行"框架适合选项"命令后，在打开的"框架适合选项"对话框中，可以对框架和内容进行相应的设置，如图3-53所示。

图3-53

* 自动调整：勾选该复选框后，图像的大小会随框架大小的变化自动调整。

* 适合：可指定是希望内容适合框架、按比例适合内容还是按比例适合框架。

* 对齐方式：可指定一个用于裁剪和适合操作的参考点。

* 裁切量：该选项用于指定图像外框相对于框架的位置。

3.5.3 应用框架网格

在InDesign中，使用文本框时，可以设置文本框为"文本框架"和"框架网格"两种显示状态。InDesign还专门提供了两个用于创建文本框的工具，同时还可以将现有的文本框以框架网格的方式显示。框架网格实际上就是文本框的另一种显示方式。在这种方式下可以查看统计的字数和行数，并可以对框架网格中的文字内容格式进行相关的设置，是排版一些文字较多的书籍和杂志时经常使用的方式。下面就来讲解框架网格的应用。

■ 操作步骤

01 选择一个新页面，使用 ▦（水平网格工具）在页面拖曳创建一个文本框架网格，如图3-54所示。

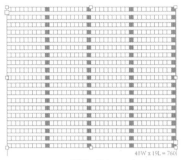

40W x 19L = 760

图3-54

02 选择文本框架网格后，置入一个文本文件，此时会发现文字自动排序到网格中，在右下角处会显示当前的网格数和字数，如图3-55所示。

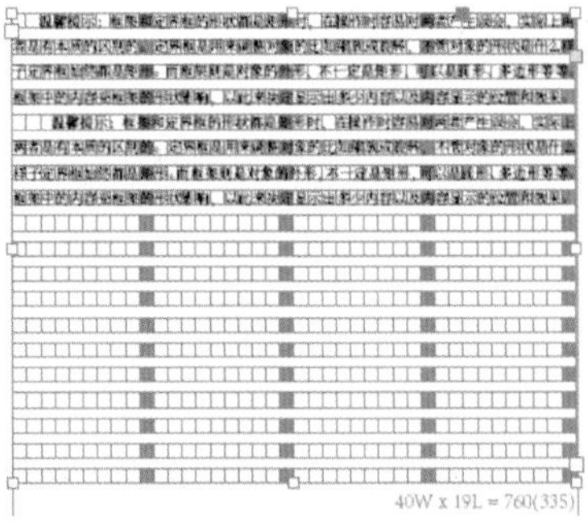

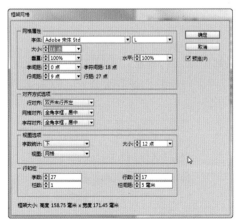

40W x 19L = 760(335)

图3-55

03 在文本框架网格中可以调整文字的大小、行文字数、行数等，执行菜单"对象|框架网格选项"命令，在打开的"框架网格"对话框中对参数进行重新设置，如图3-56所示。

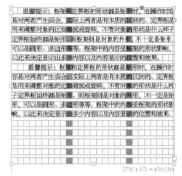

图3-56

04 设置完成后，单击"确定"按钮。此时会发现

原来的排版已经发生了改变，如图3-57所示。

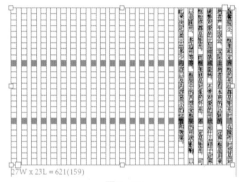

27W x 17L = 459(336)

图3-57

05 使用 ▦（垂直网格工具）绘制框架网格后，文字会以垂直的方式进行输入，如图3-58所示。

27W x 23L = 621(159)

图3-58

▶ 温馨提示

在置入文本文件时，按住Shift键在文本框上单击，可以将文字置入到文本框中的同时进行自动排文，即文字会自动沿着页面顺序进行添加，当页面不够时，会根据文字的数量添加相应的页面数，直至将文字全部显示出来为止。

框架网格除了进行网格方面的设置外，其设置方式与普通的文本框架完全相同，也可以进行文本框的填充、描边、添加效果，设置框架选中的内边距等操作。

★★★★ 3.6 分栏版面效果应用

在InDesign中，经常会出现将页面中的内容根据实际情况分成几个不同的部分，也就是版面的布局设计。在对版面进行划分时，除了使用之前应用的参考线进行精确的定位外，还可以通过版面进行分栏设置和文本框架分栏设置。

3.6.1　应用版面分栏设置

版面分栏设置是指将整个页面版面划分为几个相等的区域，调整划分的方向、间距和数量，得到均匀整齐的版面划分效果。利用版面中的分栏可以将各个设计元素准确地放置到精确位置，快速地导入文本，具体操作过程如下。

■　操作步骤

01 执行菜单"文件|新建|文档"命令，打开"新建文档"对话框，设置各选项参数后单击"边距和分栏"按钮，如图3-59所示。

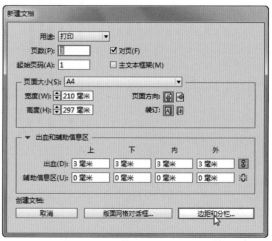

图3-59

02 在弹出的"新建边距和分栏"对话框中设置"栏数"为2，如图3-60所示。

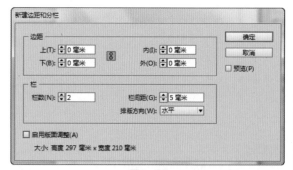

图3-60

03 设置完成后，单击"确定"按钮。此时会看到创建的每个页面都被分成了两栏，如图3-61所示。

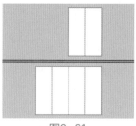

图3-61

04 通过新建命令创建的分栏，在"页面"面板中选择主页，会在主页中创建与新建页面一样的分栏效果，如图3-62所示。

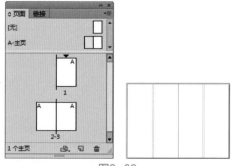

图3-62

05 新建的页面还可以重新设置分栏效果，方法是选择新建的2-3页，执行菜单"版面|边距与分栏"命令，打开"边距和分栏"对话框，设置"栏数"为3、"栏间距"为8毫米、"排版方向"为"水平"，如图3-63所示。

图3-63

06 设置完成后，单击"确定"按钮。此时会发现2-3页面的分栏被重新划分，效果如图3-64所示。

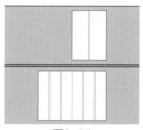

图3-64

中文版Photoshop+InDesign商业案例项目设计完全解析

温馨提示

对页面进行分栏设置时，如果有多个版面效果，每个版面又有多个页面时，通常先在不同的主页中设置分栏效果，再将其应用到页面中。默认情况下对分栏的效果进行细节调整时，分栏参考线是被锁定的，可以执行菜单"视图|网格和参考线|锁定栏参考线"命令来进行解锁和重新锁定。解锁后可以通过 （选择工具）来调整栏参考线的位置，从而调整分栏的位置效果。

图3-66

3.6.2　应用文本框架分栏设置

对于文本内容，可以通过文本框架内部进行相对独立的分栏设置。这个分栏设置针对的只是当前的文本框。与之前介绍的整体分栏设置没有影响，在对文本内容进行分栏设置时，操作方法更为简单，具体操作过程如下。

■ 操作步骤

01 新建一个空白文档，并进行分栏设置。使用 T（文字工具）在页面中沿着参考线绘制一个文本框并输入文字，如图3-65所示。

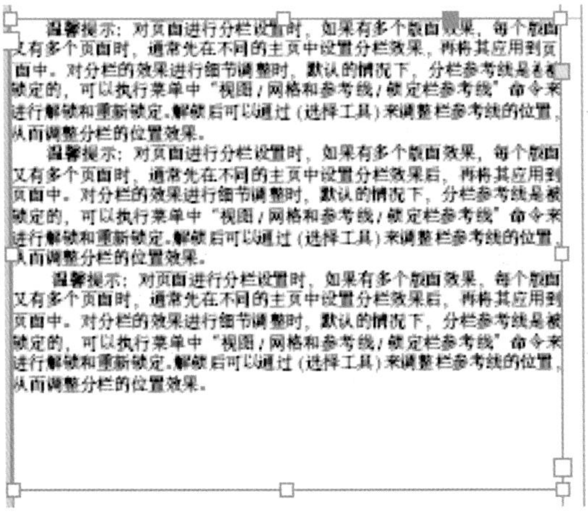

图3-65

02 选择文本框后，执行菜单"对象|文本框架选项"命令，打开"文本框架选项"对话框，设置"栏数"为3，其他参数保持默认值，如图3-66所示。

03 设置完成后，单击"确定"按钮此时可以看到文字变成了3栏进行排序，如图3-67所示。

图3-67

3.7　文本绕排

InDesign提供了多种图文绕排的方法，灵活地使用图文绕排方法，可以制作出丰富的版式效果。要实现图文绕排，必须要把文本框设定为可以绕排；否则，任何绕排方式对该文本框都不会起作用。

温馨提示

在默认状态下文本框是可以绕排的；如果不能绕排，则应当进行相应的设置。设置方法是，选中此文本框，执行菜单"对象|文本框架选项"命令，打开"文本框架选项"对话框，不要勾选左下角的"忽略文本绕排"复选框。

3.7.1 应用文本绕排

执行菜单"窗口|文本绕排"命令，打开"文本绕排"面板，如图3-68所示。"文本绕排"面板用来控制文本绕排的属性和各种设置选项。其中，上面一排按钮用于控制图文绕排的方式，从左到右依次为 ▣（无文本绕排）、▣（沿定界框绕排）、▣（沿对象形状绕排）、▣（上下型绕排）和 ▣（下型绕排）。新建一个空白文档，置入一张图片再输入一些文本，如图3-69所示。

图3-68　　　　　图3-69

该面板中各选项的含义如下。

➤ 无文本绕排：默认状态下，文本与图形、图像之间的排绕方式为无文本绕排。如果需要将其他绕排方式更改为"无文本绕排"，那么在"文本绕排"面板中单击▣（无文本绕排）按钮即可，见图3-69。

➤ 沿界定框绕排：沿定界框绕排时，无论页面中的图像是什么形状，都使用该对象的外接矩形框来进行绕排操作。选中图像后，在"文本绕排"面板中单击▣（沿定界框绕排）按钮来进行沿定界框绕排，页面效果如图3-70所示。

➤ 沿对象形状绕排：当在文本中插入了不规则的图形或图像后，如果要使文本能够围绕不规则的外形进行绕排，可以在选中图像后，在"文本绕排"面板中单击▣（沿对象形状绕排）按钮来使文本围绕对象形状进行绕排，效果如图3-71所示。

图3-70　　　　　图3-71

➤ 上下型绕排：该绕排方式指的是文字只出现在图像的上下两侧，在图像的左右两边均不排文。选中图像后，在"文本绕排"面板中单击▣（上下型绕排）按钮进行上下型绕排，应用后页面效果如图3-72所示。

➤ 下型绕排：选中图像后，在"文本绕排"面板中单击▣（下型绕排）按钮进行下型绕排，则文本遇到选中图像时会跳转到下一栏进行排文，即在本栏的该图像下方不再排文，应用页面效果如图3-73所示。

图3-72　　　　　图3-73

➤ 反转：指对绕图像或路径排文时是否反转路径。下面的文本框分别用于设置绕图像排文时文字离所环绕对象的距离。

➤ 位移：图文绕排时图文之间的间距的默认值为没有间隙，可以通过更改面板中的 ▣（上位移）、▣（下位移）、▣（左位移）和▣（右位移）数值框中的数值来达到调整图文间距的目的，将位移设置为0和5毫米时的对比效果如图3-74所示。

图3-74

> **温馨提示**

设置文本绕排时，也可以在InDesign 的控制栏中进行。控制栏提供了除▣（下型绕排）按钮外的其他4个绕排按钮；对于文本框与文本框之间，也可以和图文一样绕排，设置其绕排属性。具体方法是选中要绕排的文本框，在"文本绕排"面板中设置相应的选项，即可实现文本框与文本框之间的绕排。

3.7.2 文本内连图形

文本内连图形是一种特殊的图文关系，这种图像处理起来与一般字符一样，可以随着字符的移动一起移动，但对其不能设置绕排方式。文本内连图形方法是使用 （文字工具）在文本中选择一个插入点，再置入图像，则此图像即变为文本内连图形。一些图书排版中的图标多采用此种图文排版方式，如图3-75所示。

温馨提示　温馨提示

图3-75

3.8 排列对象

在InDesign中，对于已选中的对象，可以通过执行菜单"对象|排列"命令下的子菜单调整该对象与其他对象之间的叠放层次。

> 要将已选中对象上移一层，可按Ctrl+]组合键，或执行菜单"对象|排列|前移一层"命令。

> 要将已选中对象下移一层，可按Ctrl+[组合键，或执行菜单"对象|排列|后移一层"命令。

> 要将已选中对象移至顶层，可按Shift+Ctrl+]组合键，或执行菜单"对象|排列|置于顶层"命令。

> 要将已选中对象移至底层，可按Shift+Ctrl+[组合键，或执行菜单"对象|排列|置于底层"命令。

3.9 对齐与分布对象

在InDesign中，对象和分布对象操作，可以将当前选中的多个对象在水平或垂直方向以相同的基准线进行精确的对齐，或者使多个对象以相同的间距在水平或垂直方向进行均匀分布。

执行菜单"窗口|对象和版面|对齐"命令，打开如图3-76所示的"对齐"面板。使用"对齐"面板可以非常方便地将选取的对象进行对齐或分布设置。

图3-76

在"对齐"面板的"对齐对象"选项组中，提供了6种对齐对象的方式。

> （左对齐）按钮：单击该按钮后，所有选中的对象，将以选中的对象最左边的对象的左边缘进行垂直方向的对齐。

> （水平居中对齐）按钮：单击该按钮后，所有选中的对象，将在垂直方向以各对象的中心点进行对齐。

> （右对齐）按钮：单击该按钮后，所有选中的对象，将以选中的对象最右边的对象的右边缘进行垂直方向的对齐。

> （顶对齐）按钮：单击该按钮后，所有选中的对象，将以选中的对象最上边的对象的上边缘进行水平方向的对齐。

> （垂直居中对齐）按钮：单击该按钮后，所有选中的对象，将在水平方向以各对象的中心点进行对齐。

> （底对齐）按钮：单击该按钮后，所有选中的对象，将以选中的对象最下边的对象的下边缘进行水平方向的对齐。

在"对齐"面板的"分布对象"选项组中，提供了6种分布对象的方式。

> （按顶分布）按钮：单击该按钮后，可使所有选中的对象在垂直方向上，保持相邻对象顶边之间的间距相等。

> （垂直居中分布）按钮：单击该按钮后，可使所有选中的对象在垂直方向上，保持相邻对象中心点之间的间距相等。

> （按底分布）按钮：单击该按钮后，可

使所有选中的对象在垂直方向上，保持相邻对象底边之间的间距相等。

> ▷ （按左分布）按钮：单击该按钮后，可使所有选中的对象在水平方向上，保持相邻对象左边缘之间的间距相等。

> ▷ （水平居中分布）按钮：单击该按钮后，可使所有选中的对象在水平方向上，保持相邻对象中心点之间的间距相等。

> ▷ （按右分布）按钮：单击该按钮后，可使所有选中的对象在水平方向上，保持相邻对象右边缘之间的间距相等。

中文版Photoshop+InDesign商业案例项目设计完全解析

温馨提示

"对齐"面板不会影响已经应用"锁定"命令的对象，而且不会改变文本段落在其框架内的对齐方式。

在InDesign中，编组对象就是将几个对象组合为一个组，以便把它们作为一个单元处理，并且移动或变换这些对象也不会影响它们各自的位置或属性。组也可以嵌套，使用 （选择工具）和 （直接选择工具）可以选择嵌套组层次结构中的不同级别。

选择要编组的对象，然后执行菜单"对象|编组"命令可以将选择的对象组合到一起。如果要取消编组，可以选择已编组对象，然后执行菜单"对象|取消编组"命令，如图3-77所示。

图3-77

本章重点：

➤ 卡片设计的概述及作用 ➤ 卡片的种类
➤ 卡片的尺寸与版式 ➤ 商业案例——名片设计与制作
➤ 卡片的设计原则 ➤ 商业案例——裁判证设计与制作
➤ 卡片的图案原则 ➤ 优秀作品欣赏

04
第4章
卡片的设计与制作

本章主要从卡片设计的概述及作用、卡片的尺寸与版式、卡片的图案原则等方面着手，介绍卡片设计的相关基础知识，并通过相应的案例制作，引导读者理解卡片设计的原理和方法，使其能够快速掌握卡片设计的方法，从而形成卡片设计的市场需求。

的种类有很多，比较常见的就是名片、各种会员卡以及打折卡，等等。卡片作为个人或企业的形象代表，除了需要用简要的方式向受众介绍个人或企业的服务之外，还需要通过独特的设计和清晰的思路来达到宣传的目的。

卡片设计不同于一般平面设计，大多数平面设计的幅面较大，能够给设计师以足够的表现空间；卡片则不然，它只有小小的幅面设计空间，所以这就要求设计师在保证信息完整的前提下，同时考虑美观度的问题，如图4-1所示。

图4-1

4.2 卡片的尺寸与版式

卡片在设计时，通常要在尺寸上进行相应的规划，尺寸大小根据类型分为标准卡、折叠卡和异形卡。

以名片为例，矩形标准卡片的尺寸为90mm×54mm、90mm×50mm、90mm×45mm；圆角标准卡片的尺寸为85mm×54mm；折叠卡片的尺寸为90mm×95mm和145mm×50mm；异形卡片的尺寸没有严格的规定。

4.1 卡片设计的概述及作用

在当今社会中，卡片作为一种基本的交际工具在商业活动甚至日常生活中被人们广泛使用。卡片在设计制作时最常用的还是标准卡，为了保证卡片印刷成品的质量，在软件中设计卡片时需要为卡片的4边各预留2～3mm的出血区域，以便印刷后的裁切操作，如图4-2所示。

图4-2

卡片因使用方式的不同，可做出不同风格的排版样式。卡片纸张因能否折叠划分为普通卡片和折叠卡片，普通卡片因印刷参照的底面不同还可分为横式卡片和竖式卡片。

1. 横式卡片

以宽边为低、窄边为高的名片。横式卡片设计方便、排版便宜，成为目前使用最普遍的卡片，如图4-3所示。

图4-3

2. 竖式卡片

以窄边为低，宽边为高的名片。竖式卡片排版复杂，可参考的设计资料不多，适于个性化的卡片设计，如图4-4所示。

图4-4

3. 折叠卡片

可折叠的卡片，比正常卡片多出一半的信息记录面积，如图4-5所示。

图4-5

> **温馨提示**

卡片在设计中的构图样式大致可分为横版构图、竖版构图、稳定性构图、长方形构图、椭圆形构图、半圆形构图、左右分形构图、斜置形构图、三角形构图、轴线形构图、对位编排构图等。

★★★★ 4.3 卡片的设计原则

卡片在设计时要突出内容的重点，传递的主要信息要简明清晰，构图要完整明了；注意质量、功效，便于记忆，易于识别。

4.3.1 设计简洁、突出重点信息

卡片最重要的信息就是上面的文字信息，用户可以从这些文字了解到个人和企业的相关信息，以及如何与卡片的主人取得联系。使用简洁的设计风格可以最大限度地突出这些文字信息内容，让人能够更快地记住卡片中的信息。

在卡片设计中可以使用大量的留白来体现这种简洁，但留白不一定是纯白色。此外，还要注意文字和背景的对比应该足够大，还可以把文字设计得更漂亮、更醒目一些，如图4-6所示。

图4-6

4.3.2 个性、与众不同

如果要做到与众不同，我们可以使整体卡片的布局与其他卡片不同。还可以在卡片载体上进行一些不同风格的设计制作，可以让卡片变得有趣一些，例如可以将卡片设计成不规则的形状，或者设计成折叠式的，从而给人留下深刻印象，如图4-7所示。

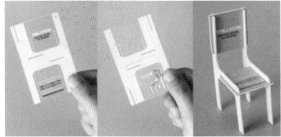

图4-7

4.3.3 时尚性

卡片设计也是与时俱进的，要紧跟潮流，只有这样才能让更多的年轻人喜欢，才能给不同的客户群体留下深刻的印象，吸引用户的注意力。现在很流行将名片设计成与自己职业有关的物体，例如摄影师的摄像机、歌手的麦克风等，这样的设计使卡片紧跟时代潮流，具有很强的时尚性，如图4-8所示。

图4-8

4.3.4 多色彩及图像

卡片有正反两面，可以将一面设计得丰富多彩，多使用一些色彩、图像和图形，另一面设计得相对简洁，用于传递信息，这样就可以保证卡片既有较强的视觉吸引力，又非常实用，如图4-9所示。

图4-9

4.4 卡片的图案原则

在卡片设计中，图案的设计是一个重要环节。图案设计的成功与否直接影响卡片的视觉效果，影响人们对卡片持有人及其所在单位的心理感受。图案在一张卡片中有固定的职能。

1. 卡片职能分类

吸引注意力。一个好的卡片图案设计不仅满足画面的构图需要，而且还能很强烈地吸引人的注意力，达到持有人自我推销的目的。

传递卡片持有者的职业特性及行业特征。卡片图案的形式与色彩要反映名片持有者的职业特性及行业特征。

引导读者把视线移至重要信息的诱导效果。

2. 图案的构成

1) 图案的渐变

➤ 单色渐变：在卡片设计中运用单色渐变既可以保持设计的完整性又可以增强视觉的冲击力。

➤ 混色渐变：一两种以上的色彩渐变，此画面的效果较活跃，但应用时应注意色彩的强弱对比及构图的比例分布。

➤ 形象渐变：取卡片的标志、厂名或经销的产品，对其做浅色弱化、色彩渐变、大小渐变，形成更丰富的视觉效果。

2) 图案的对比与统一

图案在卡片中的作用是烘托主题、丰富画面、提示读者。所以图案的设计既要注意对比又要完整统一。对比主要是指卡片的图案与卡片的背景，形成明显的区别。统一是指图案的层次要分明，图案的存在是使主题突出，构图醒目，富于个性，同时不喧宾夺主。

3) 图案的表现技法依据卡片的行业特点

形象肌理法是取与卡片持有者行业有关的形象作肌理处理，形成有鲜明个性的图案。

形象摄影法是取与卡片持有者行业有关的形象摄影图片作各种艺术处理，形成具象艺术图案。

绘画肌理法表现出来的是抽象图案，主要是表现各种绘画的肌理效果，赋予名片强烈的艺术个性。如油画肌理法、刮刀肌理法、素描肌理法、速写肌理法、水彩肌理法、国画肌理法等。

★★★★ 4.5 卡片的种类

为了使所设计的卡片效果更加出色，追求最佳的视觉感受，通常在卡片制作后期添加一些效果，以此来区分卡片的种类。

1. 局部烫金

局部LOGO烫金闪烁着耀眼的贵族气息，烫金在各行中的应该是广泛的，这已经成为一个历史的范畴，局部烫金在卡片中应用恰当有画龙点睛的作用，如图4-10所示。

图4-10

2. 卡片击凸

图形击凸能够达到视觉精致感觉，尤其针对简单的图形和文字轮廓，采用击凸工艺绝对是明智的做法，过去这一工艺用在高档楼书、包装上，现在

将这一传统工艺表现在卡片制作上更加给人耳目一新的感觉，如图4-11所示。

图4-11

3. 圆角卡片

圆角卡片具有特别的亲和力，非常适合圆形、方形品牌LOGO搭配设计，独有天圆地方之意，手感舒适，艺术性极强，圆角卡片同时方便于夹入卡片册中，国外高档品牌卡片中常用，如图4-12所示。

图4-12

4. 打孔卡片

打圆孔及打多孔工艺为个性化卡片设计制作，孔的设计满足视觉的层次感，特别感。使卡片增添一种特殊的艺术感，为卡片设置镂空效果，可以使卡片内容在视觉上更加具有时尚、高雅的感觉，如图4-13所示。

图4-13

5. 折叠卡片

折叠卡片让品牌LOGO独立展示到折叠翻盖上，适合集团化公司多信息列明，能够强调更为细致的卡片资料，展示空间整整多出一个面，如图4-14所示。

6. 二维条码卡片

最大的不同之处是该卡片上没有我们常见的职业、职务、手机、电话、信箱、地址等信息，只是在卡片中多了一个形如"二维码"的正方形花纹图案。这个图案就是二维条形码，如果用具备二维条码识别功能的手机扫描一下"二维码"，便会立刻解析出整张卡片的文本信息，包括卡片人的姓名、电话、地址和邮箱等内容，这些信息不仅可以方便地存储在手机里，还能作为邮件直接发送出去，如图4-15所示。

图4-14

7. 透明卡片

在透明材质上加工的卡片，成品后，拿在手上是半透明磨砂的样式，文字及图案区域仍然是不透明的，如图4-15所示。

图4-15

4.6 商业案例——名片设计与制作

4.6.1 名片的设计要求

名片是现代社会中应用较为广泛的一种交流工具，也是现代社会交际中不可或缺的展现个性风貌的必备工具。设计名片时要充分考虑所提供的信息，名片信息主要有姓名、工作单位、电话、手机、职称、地址、网址、e-mail、经营范围、企业的标志、图片、公司的企业语等。名片的标准尺寸有90mm×55mm、90mm×50mm和90mm×45mm。但是加上上、下、左、右各3mm的出血，制作尺寸则必须设定为96mm×61mm、96mm×56mm、96mm×51mm。

4.6.2 名片的设计思路

本案例为刚成立的科技公司人员设计一款属于自己风格的简洁名片。本次的设计以大色块的方式进行页面的整体版式布局，目的就是以简洁风格凸显本名片的与众不同。由于是公司成立后的第一次名片设计，在设计制作之前要为名片设计一个公司的LOGO，这样能更好地体现公司的完整性，对于名片的今后改版也有了一定之规。

本案例名片的简洁、大气，是最终设计的核心思路。

4.6.3 统一配色

本案例中的配色也是按照简洁风格设计的，大面积的深灰色、大面积的橘色、白色文字和LOGO，以这3种配色完成了名片的整体颜色效果。相对大面颜色中的小面积配色，可以将整个名片的第一视觉点聚集到此处，如图4-16所示。

C:0 M:58 Y:91 K:0	C:0 M:4 Y:0 K: 83	C:0 M:0 Y:0 K:0
R:240 G:135 B:26	R:82 G:77 B:78	R:255 G:255 B:255
# f0871b	#524d4e	#FFFFFF

图4-16

4.6.4 布局

本案例是以简洁作为设计理念的，所以在布局上使用大量的留白来体现这种简洁，将文字和背景的对比设置得足够大，依次体现标志、人名、地址等内容，如图4-17所示。

图4-17

4.6.5 使用Photoshop制作LOGO

■ 标志设计思路

本次设计的是一款科技公司LOGO，主要以公司名字的首字母进行设计，我们将修剪后的图形字母K放置到字母D的上一层，此时就能在字母上看出标志的内容，在两个修剪字母的右下角处以公司的首字母作为缺口的一个支撑，以此把标志的主体部分衬托出来，寓意只要KDYC在就不会让标志落下。目的是让整个标志不但看起来更稳，而且还很漂亮。并且让标志更加具有科技感，具体的思路流程如图4-18所示。

图4-18

■ 标志设计配色

色彩有各种各样的心理效果和情感效果，会给人各种各样的感受和遐想。但是会根据个人的视觉感、个人审美、个人经验、生活环境、性格等所定，不过通常的一些色彩，视觉效果还是比较明显的，比如看见蓝色，会联想到天空、海洋的形象，看见红色，会联想到太阳、火的形象。不管是看见某种色彩或是听见某种色彩名称的时候，心里就会自动地描绘出这种色彩给我们的感受，不管是开心、是悲伤、是回忆等，这就是色彩的心理反应。

本次标志设计在配色上以青色作为底色、橘色作为主色，青色给人清爽、寒冷、冷静的感觉；

橘色给人热情、勇敢、活力的感觉。运用这两种颜色，目的就是不但要体现出冷静和执着的专注力，还要加上热情和勇敢的冲劲，让标志能像这两种颜色一样，冷静与热情共存。

■ 制作流程

本案例主要利用 T,（横排文字工具）输入文字后，将文字栅格化处理，再对单个字母图像进行修剪，具体流程如图 4-19所示。

图4-19

■ 技术要点

> 使用"横排文字工具"输入文字；
> 栅格化文字；
> 使用"矩形选框工具"修剪多余区域；
> 使用"椭圆选框工具"修剪多余区域；
> 使用"多边形套索工具"修剪多余区域；
> 执行"扩展"命令；
> 使用"橡皮擦工具"擦除图像；
> 使用"钢笔工具"绘制路径。

■ 操作步骤

01 启动Photoshop CC软件，新建一个空白文档。使用 T,（横排文字工具）输入字母D，将文字颜色设置为青色，如图4-20所示。

02 执行菜单"类型|栅格化文字图层"命令，将文字图层转换为普通图层。使用 ▦（矩形选框工具）在字母左上角出创建一个矩形选区，按Delete键清除选区内容，如图4-21所示。

图4-20　　　　　　　　图4-21

> **温馨提示**

在Photoshop中文字图层是不能通过选区进行编辑的，必须将其转换为普通图层后才能通过选区进行编辑。

03 按Ctrl+D组合键取消选区。使用 （椭圆选框工具）在字母D上创建一个椭圆选区，按Ctrl+Shift+I组合键将选区反选，按Delete键清除选区内容，如图4-22所示。

图4-22

04 按Ctrl+D组合键取消选区。使用 （矩形选框工具）在字母右下角处创建一个矩形选区，按Delete键清除选区内容，如图4-23所示。

图4-23

05 按Ctrl+D组合键取消选区。使用 （多边形套索工具）创建一个不规则选区，按Delete键清除选区内容，如图4-24所示。

图4-24

06 按Ctrl+D组合键取消选区。使用 （矩形选框工具）在字母左下角创建一个矩形选区，使用 （移动工具）将选区内的图像向下移动，如图4-25所示。

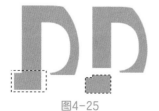

图4-25

07 按Ctrl+D组合键取消选区。使用 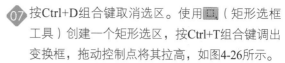（矩形选框工具）创建一个矩形选区，按Ctrl+T组合键调出变换框，拖动控制点将其拉高，如图4-26所示。

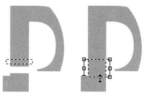

图4-26

08 按Enter键完成变换，按Ctrl+D组合键取消选区。使用 （横排文字工具）输入字母D，将文字颜色设置为青色，执行菜单"类型|栅格化文字图层"命令，将文字图层转换为普通图层，按Ctrl+T组合键调出变换框，拖动控制点将文字调窄，如图4-27所示。

图4-27

09 按Enter键完成变换。使用 （多边形套索工具）沿K字图形右半部分创建封闭选区，按Delete键清除选区内容，如图4-28所示。

图4-28

10 按Ctrl+D组合键取消选区。使用 （矩形选框工具）创建一个矩形选区，按Ctrl+T组合键调出变换框，拖动控制点将其拉宽，如图4-29所示。

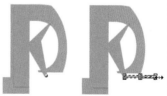

图4-29

11 按Enter键完成变换，按Ctrl+D组合键取消选区。按住Ctrl键单击K图层的缩览图调出选区，如图4-30所示。

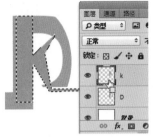

图4-30

⑫ 执行菜单"选择|修改|扩展"命令，打开"扩展选区"对话框，设置"扩展量"为2像素，单击"确定"按钮，效果如图4-31所示。

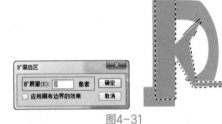

图4-31

⑬ 选中D图层，使用 ❷.（橡皮擦工具）擦除选区内的部分图像，效果如图4-32所示。

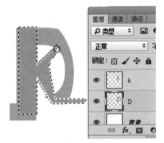

图4-32

⑭ 按Ctrl+D组合键取消选区。使用 T.（横排文字工具）输入字母KDYC，效果如图4-33所示。

图4-33

⑮ 使用 T.（横排文字工具）输入中文"康达盈创"，复制图层调整颜色，效果如图4-34所示。

⑯ 将副本文字栅格化处理，使用 ❷.（钢笔工具）绘制路径，按Ctrl+Enter组合键将路径转换为选区，按Delete键清除选区内容，效果如图4-35所示。

图4-34

图4-35

⑰ 按Ctrl+D组合键取消选区。使用 ■.（矩形工具）绘制一个橘色的矩形。至此，LOGO制作完成，效果如图4-36所示。

图4-36

⑱ 将除"背景"图层外的所有图层全部选取，按Ctrl+Alt+E组合键，得到一个合并图层，调出选区后将填充白色以备后用。效果如图4-37所示。

图4-37

4.6.6 使用InDesign制作名片

■ 制作流程

本案例主要使用 ▶.（选择工具）拖曳出参考线，使用 ■.（矩形工具）绘制矩形，通过 ▶.（选择工具）将副本缩小，输入文字完成名片的制作，具体流程如图4-38所示。

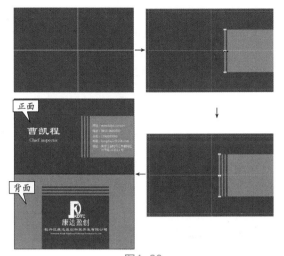

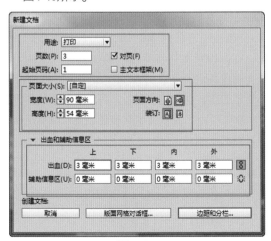

图4-38

- ■ 技术要点
  - ➤ 新建一个3页面文档；
  - ➤ 设置参考线；
  - ➤ 使用"矩形工具"绘制矩形；
  - ➤ 使用"选择工具"调整矩形大小；
  - ➤ 输入文字。
- ■ 操作步骤

名片正面的制作

① 启动InDesign CC软件，新建一个空白文档，设置"页数"为3、"宽度"为90毫米、"高度"为54毫米、"出血"为3毫米，单击"边距和分栏"按钮。接着在弹出的"新建边距和分栏"对话框中设置"边距"为0，如图4-39所示。

② 设置完成后，单击"确定"按钮。新建文档如图4-40所示。

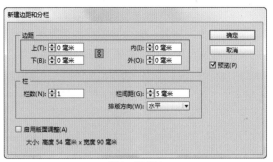

图4-39(续)

③ 在"页面"面板中，选中第2、3页面，使用（选择工具）在标尺上拖曳出需要的参考线，如图4-41所示。

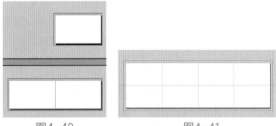

| 图4-40 | 图4-41 |

④ 使用（矩形工具）在第2页上绘制一个满屏矩形，将其填充为C:0、M:4、Y:0、K:83的颜色，去掉描边，如图4-42所示。

⑤ 按Ctrl+C组合键复制矩形，再按Ctrl+V组合键将其粘贴到前面，使用（选择工具）拖动控制点将其缩小，再将其填充为C:0、M:58、Y:91、K:0的颜色，如图4-43所示。

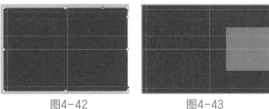

| 图4-42 | 图4-43 |

⑥ 选择橘色矩形复制一个，使用（选择工具）拖动控制点将其缩小并移动位置，效果如图4-44所示。

⑦ 再复制两个小橘色矩形，移动位置，如图4-45所示。

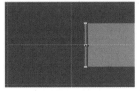
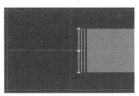

| 图4-44 | 图4-45 |

新建文档

| 用途：打印 ▼ |
| 页数(P): 3 | ☑对页(F) |
| 起始页码(A): 1 | □主文本框架(M) |

页面大小(S): [自定] ▼

| 宽度(W): 90 毫米 | 页面方向: |
| 高度(H): 54 毫米 | 装订: |

▼ 出血和辅助信息区

	上	下	内	外	
出血(D):	3 毫米	3 毫米	3 毫米	3 毫米	
辅助信息区(U):	0 毫米	0 毫米	0 毫米	0 毫米	

创建文档：

| 取消 | 版面网格对话框... | 边距和分栏... |

图4-39

08 使用 T （文字工具）在页面中分别输入名片对应的人名、职务、电话等内容。文字输入完成后，名片正面的制作效果如图4-46所示。

图4-46

名片背面的制作

01 选中第3页面，使用 ■ （矩形工具）绘制一个满屏矩形，将其填充为C:0、M:58、Y:91、K:0的颜色，去掉描边，如图4-47所示。

02 使用 ■ （矩形工具）绘制一个矩形，将其填充为C:0、M:4、Y:0、K:83的颜色，去掉描边，如图4-48所示。

图4-47　　　　　　　　　图4-48

03 再绘制3个小矩形，将其填充为C:0、M:4、Y:0、K:83的颜色，效果如图4-49所示。

图4-49

04 执行菜单"文件置入"命令，置入附带的"logo.png"素材文件，调整大小和位置，效果如图4-50所示。

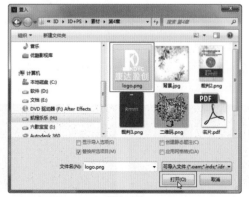

图4-50

图4-50（续）

05 使用 T （文字工具）在页面中输入文字。至此，名片背面制作完成，效果如图4-51所示。

图4-51

06 将制作的文档导出为PDF文件，以备后用，如图4-52所示。

图4-52

4.6.7　使用Photoshop 制作名片效果

■　制作流程

本案例主要利用 ■ （渐变工具）制作渐变背景，打开PDF文件将其移入到文档中，复制一个副本后将其进行变换并添加图层蒙版，再使用 ■ （渐变工具）编辑图层蒙版，再为翻转后的图形应用"高斯模糊"滤镜调整其模糊效果，具体流程如图 4-53所示。

■　技术要点

➢ 填充渐变制作背景；

➢ 移入图像创建变换；

➢ 复制副本进行翻转；

➢ 添加图层蒙版；

➢ 使用"渐变工具"编辑蒙版；

- 应用"高斯模糊"滤镜；
- 设置"不透明度"。

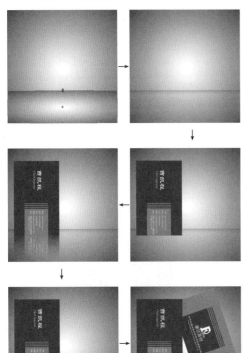

图4-53

■ 操作步骤

01 启动Photoshop CC软件，新建一个大小合适的空白文档。使用 ■ （渐变工具）填充从白色到黑色的径向渐变，如图4-54所示。

02 复制一个背景，按Ctrl+T组合键调出变换框，拖动控制点将图像缩小，如图4-55所示。

图4-54　　　　图4-55

03 按Enter键完成变换。在"图层"面板中单击 ■ （添加图层蒙版）按钮，为图层创建一个图层蒙版，使用 ■ （渐变工具）在蒙版中拖动鼠标填充从白色到黑色的线性渐变，以此来编辑蒙版，效果如图4-56所示。

04 打开刚才导出的"名片.pdf"文件，在打开的"导入PDF"对话框中，设置参数后选中

第2、3页面，设置完成后，单击"确定"按钮，如图4-57所示。

图4-56

图4-57

05 将两个PDF页面图像打开，如图4-58所示。

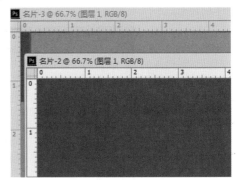

图4-58

中文版Photoshop+InDesign商业案例项目设计完全解析

06 在"名片-2"文件中使用 ▥ （矩形选框工具）框选出血以内的图像，使用 ▸✚ （移动工具）将选区的图像拖曳到新建文档中，执行菜单"编辑|变换|顺时针90度"命令，将图像进行旋转，效果如图4-59所示。

07 复制一个副本，执行菜单"编辑|变换|垂直翻转"命令，将副本进行翻转并移动位置，如图4-60所示。

图4-59　　　　　　　　图4-60

08 在"图层"面板中单击 ▣ （添加图层蒙版）按钮，为图层创建一个图层蒙版，使用 ▥ （渐变工具）在蒙版中拖动鼠标填充从白色到黑色的线性渐变，以此来编辑蒙版，效果如图4-61所示。

图4-61

09 新建一个图层，使用 ▢ （矩形工具）绘制一个黑色矩形，如图4-62所示。

10 执行菜单"滤镜|模糊|高斯模糊"命令，打开"高斯模糊"对话框，设置"半径"为3.2像素，设置完成后，单击"确定"按钮，如图4-63所示。

图4-62　　　　　　　　图4-63

11 在"图层"面板中设置"不透明度"为32%，效果如图4-64所示。

图4-64

12 将"名片-3"文件中的图像移动到新建文档中，按Ctrl+T组合键调出变换框，拖动控制点将图像进行旋转，效果如图4-65所示。

图4-65

13 按Enter键完成变换。复制一个副本，执行菜单"编辑|变换|垂直翻转"命令，将副本进行翻转并移动位置，在"图层"面板中单击 ▣ （添加图层蒙版）按钮，为图层创建一个图层蒙版，使用 ▥ （渐变工具）在蒙版中拖动鼠标填充从白色到黑色的线性渐变，如图4-66所示。

图4-66

14 新建一个图层，使用 ⬭ （椭圆工具）在翻转连接处绘制一个黑色椭圆，如图4-67所示。

图4-67

15 执行菜单"滤镜|模糊|高斯模糊"命令，打开"高斯模糊"对话框，设置"半径"为2.9像素，设置完成后，单击"确定"按钮。在"图层"面板中设置"不透明度"为25%。至此，本案例制作完成，效果如图4-68所示。

图4-68

★★★★ 4.7 商业案例——裁判证设计与制作

4.7.1 设计思路

本次设计与制作的裁判证属于证明型的工作

卡，所以以简洁、明了的风格进行设计，本卡片是技能大赛的裁判卡，在使用时要能在卡片上快速看到裁判的字样，并且在设计时中间位置加入了本次技能大赛的二维码，让卡片看起来更加的正规。卡片的背景选择了一张无色彩的图片，目的是不抢主题内容的视觉位置，但如果只是单纯的背景颜色会让整个卡片看起来过于简单。

4.7.2 配色与布局

整个裁判证是以简洁风格作为设计方向的，所以在配色上使用得比较少，除背景外就使用了白色和蓝色。在布局上正面按照竖排布局方法、背面按照居中布局方法，正面以上中下的方式进行传统布局，上下两个文字区起到平衡画面的作用，如图4-69所示。

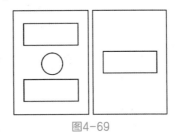

图4-69

4.7.3 使用InDesign制作裁判证

■ 制作流程

本案例正面主要使用 ▢（矩形工具）绘制矩形后，在"路径查找器"面板中将其转换为圆角矩形，再通过 ▣（减去）按钮将图形进行修剪，置入素材输入文字；背面主要是通过复制正面内容，制作过程如图 4-70所示。

■ 技术要点

  ➢ 使用"矩形工具"绘制矩形；
  ➢ 使用"路径查找器"面板将矩形转换为圆角矩形；
  ➢ 使用"减去"按钮编辑图形；
  ➢ 置入素材；
  ➢ 设置混合模式和"不透明度"；
  ➢ 旋转复制；
  ➢ 输入文字。

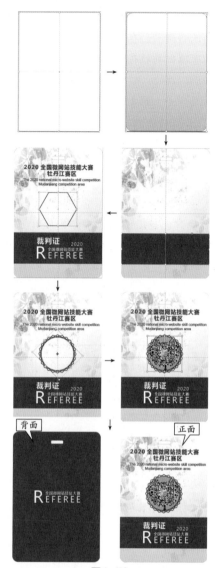

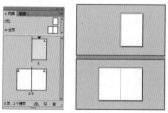

图4-70

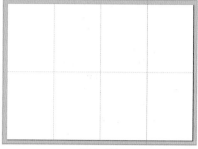

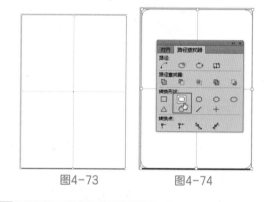

■ 操作步骤

裁判证正面制作

01 启动InDesign CC软件，新建一个空白文档，设置"页数"为3、"宽度"为70毫米、"高度"为100毫米，单击"边距和分栏"按钮。接着在弹出的"新建边距和分栏"对话框中设置"边距"为0，设置完成后，单击"确定"按钮。新建文档如图4-71所示。

图4-71

02 在"页面"面板中，选中第2、3页面，使用 ▶ （选择工具）在标尺上拖曳出需要的参考线，如图4-72所示。

图4-72

03 使用 ▣ （矩形工具）在第2页上绘制一个满屏矩形，如图4-73所示。

04 执行菜单"窗口|对象和面板|路径查找器"命令，打开"路径查找器"面板，单击□（转换为圆角）按钮，效果如图4-74所示。

图4-73　　图4-74

> 温馨提示

在"路径查找器"面板中的 □ （转换为圆角）按钮，圆角的大小与"角选项"对话框中的转角值大小有关，如图4-75所示。

图4-75

05 在工具箱中双击 ▤ （渐变工具），打开"渐变"面板，设置"类型"为"线性"、"位置"为100%、"角度"为-90°，从左到右的颜色为白色到灰色，效果如图4-76所示。

图4-76

06 使用 ■（矩形工具）在圆角矩形上面绘制一个矩形，单击"路径查找器"面板中的 ⬚（转换为圆角）按钮，如图4-77所示。

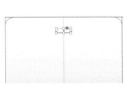

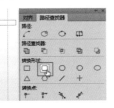

图4-77

07 将两个圆角矩形一同选取，单击"路径查找器"面板中的 ⬚（减去）按钮，效果如图4-78所示。

图4-78

08 置入附带的"背景.jpg"素材文件，效果如图4-79所示。

09 使用 ▶（直接选择工具）调整置入图像的大小和在框架中的位置，效果如图4-80所示。

图4-79　　　　　图4-80

10 在"效果"面板中设置"不透明度"为85%，效果如图4-81所示。

11 使用 ■（矩形工具）在圆角矩形上绘制一个蓝色矩形，将其作为之后白色文字的背景，效果

如图4-82所示。

图4-81　　　　　图4-82

12 使用 T（文字工具）在图像中输入文字，效果如图4-83所示。

图4-83

13 使用 ◯（多边形工具）在图像中绘制一个六边形，效果如图4-84所示。

图4-84

14 使用 ◯（旋转工具）调整选择中心点后，执行菜单"对象|变换|旋转"命令，打开"旋转"对话框，设置"角度"为45°，单击"复制"按钮，效果如图4-85所示。

图4-85

⑮ 再执行两次"旋转"命令，复制两个副本，效果如图4-86所示。

图4-86

⑯ 使用 ◯（椭圆工具）绘制一个正圆形，应用"渐变"面板设置渐变色，效果如图4-87所示。

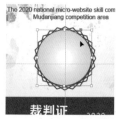

图4-87

⑰ 选择正圆形并置入附带的"二维码.jpg"素材文件，使用 ▶（直接选择工具）调整素材在框架中的大小和位置，效果如图4-88所示。

⑱ 在"效果"面板中设置混合模式为"亮度"。至此，裁判证正面制作完成，效果如图4-89所示。

图4-88　　　　　　图4-89

裁判证背面制作

① 复制正面裁判证，将副本移动到第3页面，再将卡面上的内容全部删除，如图4-90所示。

② 将副本填充蓝色，将正面中的文字复制到背面上，移动位置完成背面的制作，效果如图4-91所示。

③ 将制作的正面和背面导出为PNG格式图片，以备后用。

图4-90　　　　　　　　　图4-91

4.7.4　使用Photoshop制作卡片效果

■ 制作流程

本案例主要利用移入图像后将其进行变换，调出选区后填充渐变色，添加"投影"图层样式、应用"高斯模糊"滤镜，再将图层创建到新图层中，通过变形调整图像，具体流程如图4-92所示。

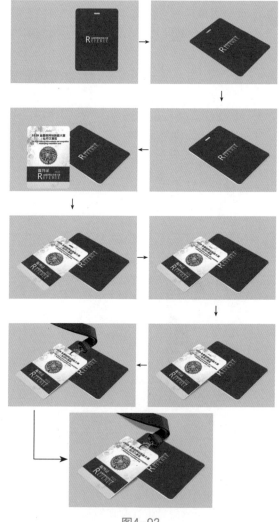

图4-92

■ 技术要点
  ➢ 新建文档填充颜色；
  ➢ 移入素材应用"变换"；
  ➢ 调出选区；
  ➢ 使用"渐变工具"填充渐变色；
  ➢ 应用"投影"图层样式；
  ➢ 应用"高斯模糊"滤镜；
  ➢ 应用"创建图层"命令；
  ➢ 通过"变形"调整图像。

■ 操作步骤

01 打开Photoshop CC软件，新建一个合适大小的空白文档，将其填充为粉色，以此作为背景，如图4-93所示。

02 打开之前导出的裁判卡背面素材，将其拖曳到新建文档中，如图4-94所示。

图4-93

图4-94

03 按Ctrl+T组合键调出变换框，按住Ctrl键的同时调整控制点将卡片进行变换，效果如图4-95所示。

04 按Enter键完成变换，效果如图4-96所示。

图4-95

图4-96

05 按住Ctrl键的同时单击"图层1"图层缩览图，调出图像的选区，如图4-97所示。

图4-97

06 向下和向右移动选区，新建一个图层，选择 ■（渐变工具），在属性栏中单击"渐变拾色器"，打开"渐变编辑器"对话框，设置渐

变颜色从左向右依次为灰色、白色、灰色、白色，使用 ■（渐变工具）在选区内拖曳填充渐变色，如图4-98所示。

图4-98

07 按Ctrl+D组合键取消选区。执行菜单"图层|图层样式|投影"命令，打开"图层样式"对话框，勾选"投影"复选框，其中的参数值设置如图4-99所示。

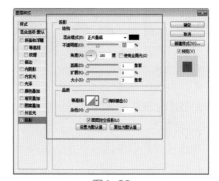
图4-99

08 设置完成后，单击"确定"按钮，效果如图4-100所示。

图4-100

09 打开之前导出的裁判证正面素材，将其拖曳到新建文档中，如图4-101所示。

图4-101

10 按Ctrl+T组合键调出变换框，按住Ctrl键的同时调整控制点将卡片进行变换，按Enter键完成变换，效果如图4-102所示。

图4-102

11 按住Ctrl键的同时单击"图层3"图层缩览图，调出图像的选区，向下和向右移动选区，新建一个图层，使用 （渐变工具）在选区内拖曳填充渐变色，效果如图4-103所示。

图4-103

12 按Ctrl+D组合键取消选区。执行菜单"图层|图层样式|投影"命令，打开"图层样式"对话框，勾选"投影"复选框，其中的参数值设置如图4-104所示。

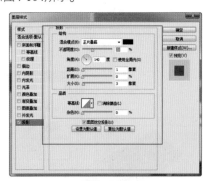

图4-104

13 设置完成后，单击"确定"按钮，效果如图4-105所示。

图4-105

14 新建一个图层，使用 （多边形套索工具）绘制一个选区，将选区填充为黑色，如图4-106所示。

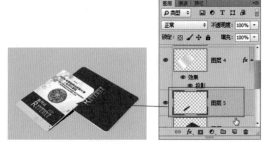

图4-106

15 按Ctrl+D组合键取消选区。执行菜单"滤镜|模糊|高斯模糊"命令，打开"高斯模糊"对话框，设置"半径"为2.9像素，如图4-107所示。

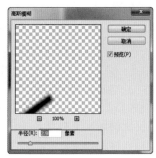

图4-107

16 设置完成后，单击"确定"按钮。在"图层"面板中设置"不透明度"为49%，效果如图4-108所示。

图4-108

17 打开附带的"绳带.jpg"素材文件，将其拖曳到新建文档中，效果如图4-109所示。

图4-109

18 执行菜单"图层|图层样式|投影"命令，打开"图层样式"对话框，勾选"投影"复选框，其中的参数值设置如图4-110所示。

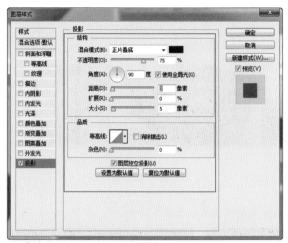

图4-110

19 设置完成后，单击"确定"按钮，为其添加阴影。执行菜单"图层|图层样式|创建图层"命令，将投影单独创建一个图层，如图4-111所示。

20 执行菜单"编辑|变换|变形"命令，调出变形框后拖动控制点调整阴影，如图4-112所示。

图4-111   图4-112

21 按Enter键调整完成，在"图层"面板中设置"填充"为35%。至此，本案例制作完成，效果如图4-113所示。

图4-113

★ ★ ★ ★

4.8 优秀作品欣赏

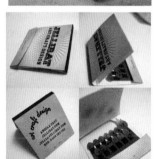

05
第 5 章
DM版式设计
与制作

本章重点：

- DM版式设计的概述及作用
- DM广告的分类
- DM广告的组成要素
- DM广告与其他广告对比时的优势
- 商业案例——科技公司3折页DM广告设计
- 商业案例——门票设计
- 优秀作品欣赏

本章以DM版式设计作为讲解内容，从概述及作用、设计分类等方面着手，详细介绍DM广告设计的相关知识，并结合DM广告案例的制作，来引导读者理解DM广告设计的原理及方法，使读者能够快速掌握DM广告设计的方法。

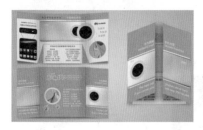
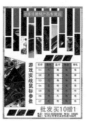

★★★★
5.1 DM广告设计的概述及作用

所谓DM广告中DM直投有两种解释，一是Direct Mail，也就是通过直接邮寄、赠送等形式，将宣传品送到消费者手中、家里或公司所在地，是一种广告宣传的手段；二是Database Marketing，数据库营销，作为一种国际流行多年的成熟媒体形式，DM在美国及其他西方国家已成为众多广告商所青睐及普遍使用的一种主要广告宣传手段，简称为DM广告。

DM广告不同于其他传统广告媒体，它可以有针对性地选择目标对象，按照客户喜好进行设计与传递，从而增加广告的利用率。在设计后的DM广告中，传达的方式多数以一对一，目的是让读者有亲切感以及优越感，能从DM广告中看出广告重点才是最终的设计目的，以此刺激消费者的计划性购买和冲动性购买，如图5-1所示。

图5-1

DM广告的主要作用还是最大化的促进销售、提高业绩，一份DM广告作用及目的大致可归纳为以下几点：

- 在一定期间内，扩大营业额，并提高毛利率。
- 稳定已有的顾客群并吸引增加新顾客，以提高客流量。
- 介绍新产品、时令商品或公司重点推广的商品，以稳定消费群。
- 增加特定商品（新产品、季节性商品、自有商品等）的销售，以提高人均消费额。
- 增强企业形象，提高公司知名度。
- 与同行业举办的促销活动竞争。
- 刺激消费者的计划性购买和冲动性购买，提高商场营业额。

★★★★
5.2 DM广告的分类

DM广告形式有广义和狭义之分，广义上包括广告单页，如大家熟悉的街头巷尾、商场超市散布的传单，肯德基、麦当劳的优惠券也在其中。狭义上的DM广告仅指装订成册的集纳型广告宣传画册，页数在10多页至200多页不等，如一些大型超市邮寄广告的页数一般都在20页左右。

常见的DM广告类型主要有销售函件、商品目录、商品说明书、小册子、名片、明信片、贺年卡、请柬、招聘宣传单、传真以及电子邮件广告等。免费杂志成为近几年DM广告中发展比较快的媒介，目前主要分布在既具备消费实力又有足够高素质人群的大中型城市中，如图5-2所示。

图5-2

一个好的DM广告宣传单，在设计时一定要注意外观、图像、文字这3个重要的构成要素。

5.3.1 外观

外观要素主要包括DM广告宣传单的尺寸、纸张的厚度、造型的变化、展开后的组成效果、大面积的色彩等，是刺激消费者眼球的首要因素，如图5-3所示。

图5-3

5.3.2 图像

DM宣传广告设计中的图像设计不仅要美观，更要简洁，并表现出一定的差异性。大部分的DM宣传广告的图像都是以大量的产品图片堆砌而成，或者是以连篇累牍的文字为主，这样的安排方式会让消费者感到疲劳，也难以把宣传的主题充分展现出来。因此，在DM宣传广告的图像处理上，应该表现出新颖的创意和强烈的视觉冲击力，对文字进行图形化处理也是不错的表现方式，如图5-4所示。

图5-4

5.3.3 文字

文字要素可以说是DM宣传广告版面设计的重点，能够充分体现宣传的有效性。设计时需要以突出的字体为表现手法，对消费者进行视觉上的刺激，以表现出产品性能与消费者之间的利益关系，引起读者继续阅读的兴趣，如图5-5所示。

图5-5

5.4 DM广告与其他广告对比时的优势

与其他媒体广告相比，DM宣传页可以直接将广告信息传送给真正的消费者，具有成本低、认知度高等优点，为商家宣传自身形象和商品提供了良好的载体。DM宣传广告的优势主要表现在以下几个方面。

➢ 针对性强。DM宣传广告具有强烈的选择性和针对性，其他媒介只能将广告信息笼统地传递给所有消费者，不管消费者是否是广告信息的目标对象。

➢ 广告费用低。与报纸、杂志、电台、电视等媒体发布广告的高昂费用相比，其产生的成本是相当低廉的。

➢ 灵活性强。DM宣传广告的广告主可以根据自身具体情况来任意选择版面大小，并自行确定广告信息的长短及选择彩色或单色的印刷形式。

➢ 持续时间长。拿到DM宣传广告后，消费者可以反复翻阅直邮广告信息，并以此作为参照物来详尽了解产品的各项性能指标，指导最后做出购买或舍弃决定。

➢ 广告效应较好。DM宣传广告是由广告主直接派发或寄送给个人的，广告主在付诸实际行动之前，可以参照人口统计因素和地理区域因素选择受传对象，以保证最大限度地使广告信息为受传对象所接受，同时受传者在收到DM广告后，会比较专注地了解其中内容，不受外界干扰。

➢ 可测定性高。在发出直邮广告后，可以借助产品销售的增减变化情况及变化幅度来了解广告信息传出之后产生的效果。

➢ 时间可长可短。DM宣传广告既可以作为专门指定在某一时间期限内送到以产生即时效果的短期广告，也可作为经常性、常年性寄送的长期广告。如一些新开办的商店、餐馆等在开业前夕通常都要向社区居民寄送或派发开业请柬，以吸引顾客、壮大声势。

➢ 范围可大可小。DM宣传广告既可用于小范围的社会、市区广告，也可用于区域性或全国性广告，如连锁店可采用这种方式提前向消费者进行宣传。

➢ 隐蔽性强。DM宣传广告是一种非轰动性广告，不易引起竞争对手的察觉和重视。

5.5 商业案例——科技公司3折页DM广告设计

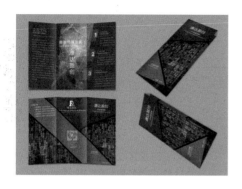

5.5.1 三折页的尺寸

三折页尺寸，可以大也可以小。大的一般为417mm×280mm（A3），折后尺寸为140mm×140mm×137mm，最后一折小一点，以免折的时候偏位而拱起。小的尺寸为297mm×210mm（A4），折后尺寸为100mm×100mm×97mm），或者285mm×210mm。折后尺寸为95mm×95mm×95mm）。

设计时都是连着设计，四周各多出3mm出血，三折页连着设计时从左到右第二折也就是中间的这一折是封底，第三折也就是右边的这一折为封面。最左边的一折一般印公司简介，反面的三折都印产品内容。分辨率都在300dpi，若图片不够大的话，250dpi也是可以使用的。

5.5.2 项目分析与设计思路

本案例所设计的科技公司3折页采用双面印刷，正面主要是通过色块、图像、文本的组合，使版面表现出较强的视觉冲击力，在版面中运用大面积色块和图像素材图片相结合，重点突出该公司的科技特点与特色。背面则主要是通过图文相结合的方式来介绍该公司的相关内容，展现的文本内容简洁、条理清晰。

设计时要根据3折页的特点，合理布局各个设计元素，突出此科技公司DM宣传折页的大气与时尚，折叠后的效果以闭合的形式进行展现，使整个效果都具有创意感。

5.5.3 配色与布局构图

■ 配色

本案例中的配色根据案例的特点以黑、灰、绿作为主色，加以白色进行点缀，让整个作品给人的

感觉就是科技感十足。本作品主要是展现整个科技公司的宣传效果。通过制作的3折页让浏览者对本公司有一个初步的了解，绿色给人健康、新鲜、和平的感觉，更是象征科技公司和平健康发展的一个象征，寓意此公司科技感强，未来发展空间巨大，如图5-6所示。

| C:84 M:43 Y:100 K:6
R: 37 G:115 B:56
257338 | C:0 M:0 Y:0 K:100
R:51 G:44 B:43
#332C2B | C:0 M:0 Y:0 K:80
R:89 G:88 B:87
#595857 | C:0 M:0 Y:0 K:0
R:255 G:255 B:255
#FFFFFF |

图5-6

■ 布局构图

三折页根据功能划分分为左中右三个区域，但是在整体布局上还是按照倾斜结构的方式进行版式构图，使整个页面看起来更加的活泼，然后再进行水平内容的详细划分，如图5-7所示。

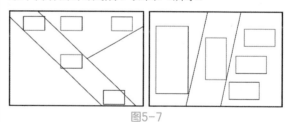

图5-7

5.5.4 使用InDesign制作科技公司3折页正面

■ 制作流程

本案例主要使用▢（矩形工具）和辅助线制作背景色，再通过"路径查找器"面板中的"交叉"命令制作交集区域图形，使用✐（钢笔工具）绘制图形并置入图像，在背景上面输入文字和置入素材，具体流程如图 5-8所示。

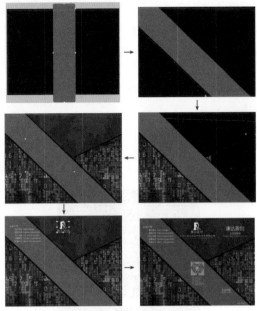

图5-8

图5-10　　　　　　　　　图5-11

- 技术要点
  - ➢ 使用"矩形工具"绘制矩形；
  - ➢ 应用"路径查找器"面板；
  - ➢ 使用"置入"命令置入素材；
  - ➢ 设置混合模式；
  - ➢ 输入文字。
- 操作步骤

背景制作

01 启动**InDesign CC**软件，新建一个空白文档，设置"页数"为2、"宽度"为285毫米、"高度"为210毫米、"出血"为3毫米，单击"边距和分栏"按钮，在弹出的"新建边距和分栏"对话框中，设置"边距"为0，设置完成后，单击"确定"按钮，新建文档如图5-9所示。

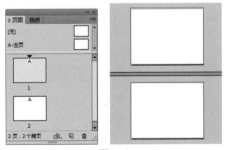

图5-9

02 在"页面"面板中，选中第1页面，使用 （选择工具）在标尺上拖曳出需要的参考线，以此来划分3折页的3个区域，如图5-10所示。

03 使用 （矩形工具）在第1页面上绘制一个满

屏的黑色矩形，如图5-11所示。

04 选择黑色矩形复制一个副本，使用 （矩形工具）在页面中绘制一个绿色的矩形，如图5-12所示。

05 使用 （选择工具）将绿色矩形进行旋转，再拖曳控制点将其拉长，如图5-13所示。

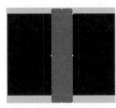 

图5-12　　　　　　　　　图5-13

06 将绿色矩形和黑色矩形一同选取，执行菜单"窗口|对象和版面|路径查找器"命令，打开"路径查找器"面板，单击 （交叉）按钮，效果如图5-14所示。

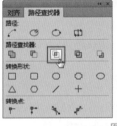 

图5-14

07 使用 （钢笔工具）在左下角处绘制一个三角形轮廓，如图5-15所示。

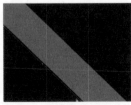

图5-15

▶ 温馨提示

在黑色矩形上面绘制轮廓时，如果轮廓仍然以默认颜色作为填充，那么就不会在黑色图形中显示出来，所以为了方便，可以将轮廓绘制成其他颜色以便观看。

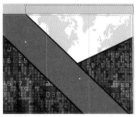

图5-20

08 执行菜单"文件|置入"命令，置入附带的"数码02.jpg"素材文件，将素材置入绘制的三角形中，使用 ▶ (直接选择工具)调整大小和位置，效果如图5-16所示。

09 使用 ✍ (钢笔工具)在右下角处绘制一个三角形轮廓，如图5-17所示。

13 执行菜单"窗口|效果"命令，打开"效果"面板。使用 ▶ (直接选择工具)选择置入的"地图"素材，设置混合模式为"差值"，效果如图5-21所示。

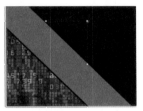
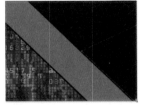

图5-16　　　　　　图5-17

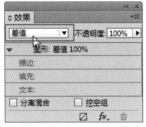
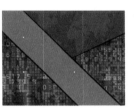

图5-21

10 使用 ▶ (直接选择工具)选择左侧三角形内的图像，按Ctrl+C组合键复制，选择右侧的三角形，执行菜单"编辑|贴入内部"命令，将复制的图像粘贴到三角形内部，使用 ▶ (直接选择工具)调整内部图像的位置和大小，效果如图5-18所示。

其他区域制作

01 使用 T (文字工具)在左侧页面中输入文字，如图5-22所示。

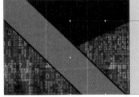

图5-18

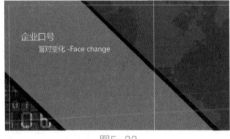

图5-22

11 使用 ✍ (钢笔工具)在上侧处绘制一个三角形轮廓，如图5-19所示。

02 使用 T (文字工具)在下方文字的前面单击设置输入，执行菜单"文字|插入特殊字符|符号|项目符号字符"命令，插入一个项目符号。使用同样的方法输入下面的文字和插入项目符号，效果如图5-23所示。

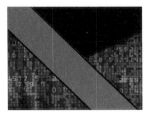

图5-19

12 执行菜单"文件|置入"命令，置入附带的"图.jpg"素材文件，将素材置入绘制的三角形中，使用 ▶ (直接选择工具)调整大小和位

图5-23

03 置入附带的"logo.png"素材文件，使用
（自由变换工具）调整置入素材的大小和位
置，效果如图5-24所示。

04 使用 T.（文字工具）在LOGO的下方输入文
字，效果如图5-25所示。

图5-24 图5-25

05 置入附带的"二维码.jpg"素材文件，设置混合
模式为"亮度"，效果如图5-26所示。

图5-26

06 使用 T.（文字工具）在二维码的下方输入文
字，效果如图5-27所示。

07 使用 T.（文字工具）在二维码的下方输入文
字，效果如图5-28所示。

图5-27 图5-28

08 使用 T.（文字工具）在3折页的右侧部分输
入文字。至此，3折页正面制作完成，效果如
图5-29所示。

图5-29

5.5.5 使用InDesign制作科技公司3折页内页

■ 制作流程

本案例主要利用 □.（矩形工具）和辅助线制作
背景色，再通过"置入"命令置入素材后，将素材
进行混合模式处理后调整图形，置入文本素材制作
文字串联，再输入文字完成内页的制作，具体流程
如图5-30所示。

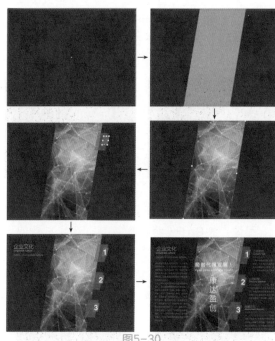

图5-30

■ 技术要点

➤ 绘制矩形和平行四边形制作背景；
➤ 置入素材；
➤ 设置"不透明度"；
➤ 设置混合模式为"颜色"；
➤ 使用"切变工具"斜切图形；
➤ 复制对象；
➤ 置入文字素材创建串联；
➤ 输入文字；
➤ 添加"外发光"效果。

■ 操作步骤

背景制作

01 选中第2页面，使用 □.（矩形工具）在第1页面
上绘制一个满屏的黑色矩形，再在矩形上拖曳
出参考线，如图5-31所示。

02 复制一个黑色矩形副本，执行菜单"文件|置

入"命令，置入附带的"图.jpg"素材文件，如图5-32所示。使用 ▶ （直接选择工具）调整大小和位置。

图5-31

图5-32

03 在"效果"面板中设置"不透明度"为40%，效果如图5-33所示。

图5-33

04 使用 ✎（钢笔工具）绘制一个平行四边形，将其填充为绿色，效果如图5-34所示。

05 选择平行四边形，置入附带的"数码01.jpg"素材文件，使用 ▶（选择工具）双击置入的素材进行图像编辑，调整大小和位置，效果如图5-35所示。

图5-34

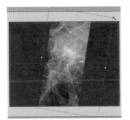
图5-35

06 单击页面空白处后，选择并复制一个图像副本，再次双击，将内部的图像删除，在"效果"面板中设置混合模式为"颜色"，此时背景部分制作完成，效果如图5-36所示。

图5-36

其他区域制作

01 使用 ▭（矩形工具）绘制一个绿色矩形，使用 ⬰（切变工具）将矩形进行斜切，效果如图5-37所示。

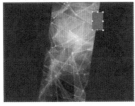
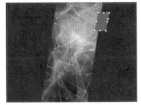
图5-37

02 在"效果"面板中设置"不透明度"为64%，效果如图5-38所示。

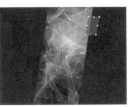
图5-38

03 复制一个副本，将"不透明度"设置为100%，使用 ▦（自由变换工具）将副本缩小，效果如图5-39所示。

04 使用 T（文字工具）在小平行四边形上输入文字1，效果如图5-40所示。

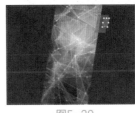
图5-39

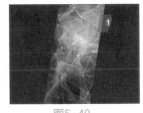
图5-40

05 选择平行四边形和上面的数字，按住Alt键将其向下拖曳，复制两个副本，将数字更改为2和3，效果如图5-41所示。

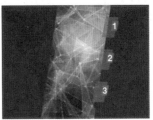
图5-41

06 使用 T（文字工具）在图像中输入相关文字，效果如图5-42所示。

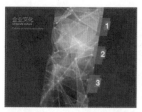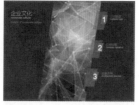

图5-42

07 使用 T.（文字工具）在图像中拖曳出4个文本框，效果如图5-43所示。

08 选择左边的文本框，置入附带的"文本.docx"素材文件，将文本置入文本框内，效果如图5-44所示。

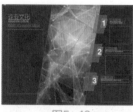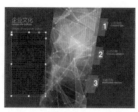

图5-43　　　　　　　图5-44

09 使用 ▶（选择工具）在文本框的右侧红色加号上单击，然后将鼠标指针在第二文本框处单击，将文本串联到第2个文本框中，效果如图5-45所示。

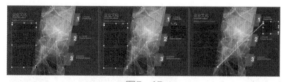

图5-45

10 使用同样的方法将文本框进行串联，效果如图5-46所示。

11 选择文本框的文字，将其设置为白色，将文字大小设置为12点，效果如图5-47所示。

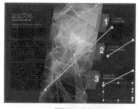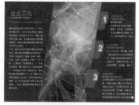

图5-46　　　　　　　图5-47

12 在每个文本框中选择几个文字，将其设置为绿色，效果如图5-48所示。

13 使用 T.（文字工具）在中间的图像上输入白色文字，如图5-49所示。

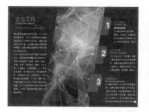

图5-48

图5-49

14 执行菜单"对象|效果|外发光"命令，打开"效果"对话框，其中的参数值设置如图5-50所示。

图5-50

15 设置完成后，单击"确定"按钮，效果如图5-51所示。

16 使用 T.（文字工具）在发光文字下方输入文字。至此，本案例制作完成，效果如图5-52所示。

图5-51　　　　　　　图5-52

17 将文档导出为PNG格式的图像以备后用。

5.5.6　使用Photoshop制作科技3折页效果图

■　制作流程

本案例主要利用选区工具创建选区后，为图像应用"高斯模糊"滤镜，合并图层后，移入正面、内页，添加阴影以此来制作立体感，具体流程如图5-53所示。

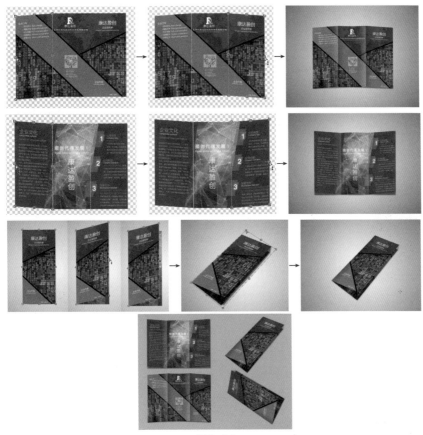

图5-53

- 技术要点

  - ➤ 选择需要区域分开图层；
  - ➤ 斜切变换；
  - ➤ 绘制选区填充黑色；
  - ➤ 去掉选区应用"高斯模糊"；
  - ➤ 填充渐变色。

- 操作步骤

三折页正面制作

01 启动Photoshop CC软件，打开"3折页.png"素材文件，按照素材的尺寸拖曳出参考线，如图5-54所示。

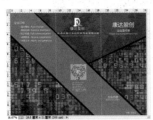

图5-54

02 使用▣（矩形选框工具）按照参考线的位置创建一个矩形选区，按Ctrl+X组合键剪切选区内容，按Ctrl+Shift+V组合键原位粘贴，将选区内的图像粘贴到新图层中，如图5-55所示。

图5-55

03 使用▣（矩形选框工具）将右侧区域创建选区，按Ctrl+X组合键剪切选区内容，按Ctrl+Shift+V组合键原位粘贴，将选区内的图像粘贴到新图层中，将图层进行重新命名，如图5-56所示。

图5-56

04 选择所有图层,按Ctrl+T组合键调出变换框,拖动控制点将图像缩小,效果如图5-57所示。

图5-57

05 按Enter键完成变换。选中"左侧"图层,执行菜单"编辑|变换|斜切"命令,打开"斜切"变换框,拖动中心点到右侧,拖动左侧控制点将图像进行斜切处理,如图5-58所示。

图5-58

06 按Enter键完成变换。选中"右侧"图层,执行菜单"编辑|变换|斜切"命令,打开"斜切"变换框,拖动中心点到左侧,拖动左侧控制点将图像进行斜切处理,效果如图5-59所示。

图5-59

07 按Enter键完成变换。选中"中间"图层,执行菜单"编辑|变换|变形"命令,打开"变形"变换框,在属性栏中选择"变形"类型为"拱

形",设置"弯曲"为-4.0,效果如图5-60所示。

图5-60

08 按Enter键完成变换。在最底层新建一个图层,使用 ▣ (渐变工具)将图层填充从白色到黑色的径向渐变,效果如图5-61所示。

图5-61

09 新建一个图层,使用 ♥ (多边形套索工具)在页面中创建封闭选区,再将选区填充为黑色,效果如图5-62所示。

图5-62

10 按Ctrl+D组合键取消选区。执行菜单"滤镜|模糊|高斯模糊"命令,打开"高斯模糊"对话框,设置"半径"为6.4像素,如图5-63所示。

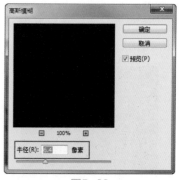

图5-63

⑪ 设置完成后，单击"确定"按钮。在"图层"面板中设置"不透明度"为61%，效果如图5-64所示。

图5-64

⑫ 使用 ✎（橡皮擦工具）擦除边缘多余区域，效果如图5-65所示。

图5-65

⑬ 新建一个图层，使用 ▥（矩形选框工具）绘制一个矩形选区，使用 ▦（渐变工具）填充从黑色到透明的线性渐变，效果如图5-66所示。

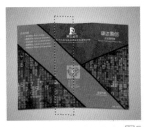

图5-66

⑭ 按Ctrl+D组合键取消选区。在"图层"面板中设置"不透明度"为25%，按住Alt键向右拖曳复制一个副本，效果如图5-67所示。

图5-67

⑮ 按Ctrl+E组合键将"图层3"和"图层3拷贝"图层合并为一个图层，再复制一个合并后的副本，执行菜单"编辑|变换|水平翻转"命令，移

动副本位置，效果如图5-68所示。

⑯ 选中复制的图层，执行菜单"图像|调整|反相"命令，效果如图5-69所示。

图5-68 图5-69

▶ 温馨提示

在制作样机时，高光并不都是使用白色来表现的，通常情况下可以根据视角的不同为图像添加一些黑色使其与白色产生对比。

⑰ 按Ctrl+E组合键向下合并图层，按住Ctrl+Shift组合键单击"左侧"、"中间"和"右侧"图层缩览图，调出选区后，按Ctrl+Shift+I组合键将选区反选，按Delete键删除选区内的图像，效果如图5-70所示。

图5-70

⑱ 按Ctrl+D组合键取消选区。此时，3折页正面效果制作完成，效果如图5-71所示。

图5-71

三折页内页制作

① 打开"3折页2.png"素材文件，在左侧标尺上按下鼠标左键向页面内拖曳，拖出辅助线，如图5-72所示。

② 使用 ▥（矩形选框工具）按照参考线的位置在左侧和右侧区域分别创建矩形选区，按Ctrl+X组合键剪切选区内容，按Ctrl+Shift+V组合键原

位粘贴，将选区内的图像粘贴到新图层中，如图5-72所示。

图5-72

03 将图层分别进行重新命名，如图5-73和图5-74所示。

图5-73　　　　　图5-74

04 选择所有图层，按Ctrl+T组合键调出变换框，拖动控制点将图像缩小，将参考线进行移动，调整到折叠处，效果如图5-75所示。

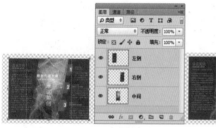

图5-75

05 按Enter键完成变换。选中"左侧"图层，执行菜单"编辑|变换|斜切"命令，打开"斜切"变换框，拖动中心点到右侧，拖动左侧控制点将图像进行斜切处理，如图5-76所示。

图5-76

06 按Enter键完成变换。选中"右侧"图层，执行菜单"编辑|变换|斜切"命令，打开"斜切"变换框，拖动中心点到左侧，拖动右侧控制点将

图像进行斜切处理，效果如图5-77所示。

图5-77

07 按Enter键完成变换。选中"中间"图层，执行菜单"编辑|变换|变形"命令，打开"变形"变换框，在属性栏中选择"变形"类型为"拱形"，设置"弯曲"为4.0，效果如图5-78所示。

图5-78

08 按Enter键完成变换。在最底层新建一个图层，使用 （渐变工具）将图层填充从白色到黑色的径向渐变，效果如图5-79所示。

图5-79

09 新建一个图层，绘制一个矩形选区，将其填充为黑色，按Ctrl+D组合键取消选区，执行菜单"滤镜|模糊|高斯模糊"命令，打开"高斯模糊"对话框，设置"半径"为6.4像素，如图5-80所示。

图5-80

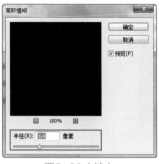

图5-80（续）

⑩ 设置完成后，单击"确定"按钮。在"图层"面板中设置"不透明度"为61%，效果如图5-81所示。

图5-81

⑪ 选择 ◯（椭圆选框工具），在属性栏中设置"羽化"为60像素，在图像中绘制椭圆选区，按Delete键删除选区内的图形，效果如图5-82所示。

图5-82

⑫ 按Ctrl+D组合键取消选区。新建一个图层，使用 ▣（矩形选框工具）绘制一个矩形选区，使用 ▣（渐变工具）填充从黑色到透明的线性渐变，效果如图5-83所示。

图5-83

⑬ 按Ctrl+D组合键取消选区。在"图层"面板中

设置"不透明度"为25%，按住Alt键向右拖曳复制一个副本，效果如图5-84所示。

图5-84

⑭ 按Ctrl+E组合键将"图层3"和"图层3拷贝"图层合并为一个图层，再复制一个合并后的副本，执行菜单"编辑|变换|水平翻转"命令，移动副本位置，效果如图5-85所示。

⑮ 选中复制的图层，执行菜单"图像|调整|反相"命令，效果如图5-86所示。

图5-85　　　　　　　图5-86

⑯ 按Ctrl+E组合键向下合并图层，按住Ctrl+Shift组合键单击"左侧"、"中间"和"右侧"图层缩览图，调出选区后，按Ctrl+Shift+I组合键将选区反选，按Delete键删除选区内的图像，效果如图5-87所示。

图5-87

⑰ 按Ctrl+D组合键取消选区。此时，3折页内页效果制作完成，效果如图5-88所示。

图5-88

三折页折叠效果制作

中文版Photoshop+InDesign商业案例项目设计完全解析

01 新建一个空白文档，使用 ▇（渐变工具）将图层填充从白色到黑色的径向渐变，效果如图5-89所示。

图5-89

02 新建一个"组1"，将3折页正面的左侧和右侧以及内页的中间部分拖曳到图层组中，效果如图5-90所示。

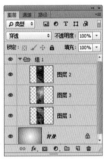

图5-90

03 选择图层组，按Ctrl+T组合键调出变换框，拖动控制点将图像缩小，效果如图5-91所示。

图5-91

04 按Enter键完成变换。选择图层组中最上面的图层，执行菜单"编辑|变换|斜切"命令，调出斜切变换框，将中心点拖曳到左侧，再拖曳控制点将图像进行斜切，右击，在弹出的快捷菜单中选择"缩放"命令，将图像缩小，效果如图5-92所示。

05 按Enter键完成变换。在"图层"面板中调整图层顺序，新建一个图层，使用 ▿（多边形套索工具）创建选区后填充为黑色，效果如图5-93所示。

图5-92

图5-93

06 按Ctrl+D组合键取消选区。执行菜单"滤镜|模糊|高斯模糊"命令，打开"高斯模糊"对话框，设置"半径"为6.4像素，设置完成后，单击"确定"按钮。在"图层"面板中设置"不透明度"为61%，效果如图5-94所示。

图5-94

07 选择正面的另一个区域图层，执行菜单"编辑|变换|斜切"命令，调出斜切变换框，将中心点拖曳到右侧，再拖曳控制点将图像进行斜切，右击，在弹出的快捷菜单中选择"缩放"命令，将图像缩小，效果如图5-95所示。

图5-95

08 按Enter键完成变换。使用 🩹（橡皮擦工具）擦除左上角，效果如图5-96所示。

图5-96

09 新建一个图层，绘制一个矩形选区并填充为黑色，取消选区后应用"高斯模糊"滤镜，设置"不透明度"为61%，为其添加阴影，效果如图5-97所示。

图5-97

10 选择图层组，按Ctrl+T组合键调出变换框，按住Ctrl键的同时拖动控制点，调整扭曲变换，按Enter键完成变换。至此，折叠效果制作完成，效果如图5-98所示。

图5-98

11 新建一个文档，将制作的各个折页效果放置到一起，效果如图5-99所示。

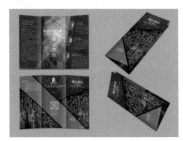

图5-99

5.6 商业案例——门票设计

5.6.1 门票尺寸

对于门票的设计通常情况下是没有固定尺寸的，根据设计的对象自行设置文件的尺寸。在设计时比较常用的尺寸，高是70mm或80mm，宽是200mm左右。对于特定的门票尺寸可以根据用途来设置它的尺寸，比如北京奥运会门票的尺寸是宽435mm、高124mm。

随着时代的发展，人们对于设计的不同理解，门票在尺寸上可以自行设计与制作。只要内容符合表达的主题就可以。

5.6.2 项目分析与设计思路

本案例所设计的门票采用双面印刷，正面主要是通过图像之间的结合制作背景，添加的文本的组合制作门票功能，应用的是分组对齐、大小对比、文字和背景颜色对比，使版面更加具有视觉冲击力，在版面中运用文字与图像中的对比，使版面具有层次感。背面则主要是通过文本结合图像的方式来展现门票的科技视觉效果。

设计时要根据门票的形状、颜色特点，合理的布局各个设计元素，突出门票的主题内容，增加科技展门票的设计感。

5.6.3　配色与布局构图

■ 配色

本案例中的配色根据案例的特点正面以蓝色科技图像为底衬，添加白色与灰色渐变文字以及黑色投影，背面以图像为底衬，文字作为图像的点缀，使门票功能更加的全面，如图5-100所示。

C:100 M:0 Y:0 K:0 R:255 G:0 B:0 #00a1e9	C:0 M:0 Y:0 K:20 R: 0 G:161 B:233 #dcdddd	C:0 M:0 Y:0 K:100 R:51 G:44 B:43 #332C2B	C:0 M:0 Y:0 K:0 R:255 G:255 B:255 #FFFFFF

图5-100

■ 布局构图

本案例中的门票构图正面以左右结构进行构图，内容都以分组分布并单独进行居中对齐进行排版；背面同样以左右结构进行构图，如图5-101所示。

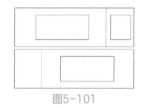

图5-101

5.6.4　使用Photoshop制作门票背景

■ 制作流程

本案例主要新建文档移入素材，设置混合模式和"不透明度"，添加图层蒙版后，使用 ▣（渐变工具）填充线性渐变色来编辑蒙版，具体流程如图5-102所示。

■ 技术要点

　➤ 新建文档移入素材；
　➤ 复制副本；
　➤ 设置混合模式；
　➤ 设置"不透明度"；

　➤ 使用"渐变工具"编辑蒙版。

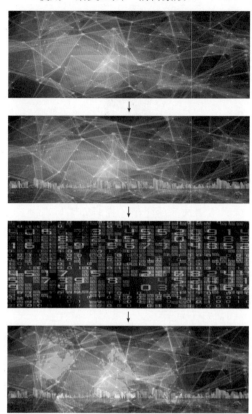

图5-102

■ 操作步骤

01 启动Photoshop CC软件，新建一个200mm×70mm的空白文档。打开附带的"数码01.jpg"素材文件，将其拖曳到新建文档中，在页面中拖曳出参考线，效果如图5-103所示。

图5-103

02 打开附带的"影.png"素材文件，将其拖曳到文档中，效果如图5-104所示。

图5-104

03 按Ctrl+J组合键两次复制两个副本，效果如图5-105所示。

图5-105

04 打开附带的"图.png"素材文件，将其拖曳到文档中，设置混合模式为"划分"，效果如图5-106所示。

图5-106

05 按Ctrl+J组合键复制一个副本，效果如图5-107所示。

图5-107

06 打开附带的"数码02.jpg"素材文件，将其拖曳到新建文档中，效果如图5-108所示。

07 在"图层"面板中单击 ◘（添加图层蒙版）按钮，为图层添加一个图层蒙版，效果如图5-109所示。

图5-108

图5-109

08 使用 ■（渐变工具）在蒙版中填充从白色到黑色的线性渐变。在"图层"面板中设置混合模式为"柔光"、"不透明度"为41%。至此，背景部分制作完成，效果如图5-110所示。

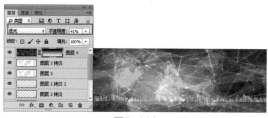

图5-110

5.6.5 使用InDesign制作门票

■ 制作流程

本案例主要通过使用 T（文字工具）输入文字，设置文字为渐变色，为文字添加"投影"效果，将文字进行分组布局并进行单独的对齐调整，具体流程如图 5-111所示。

图5-111

■ 技术要点

➤ 绘制直线设置虚线；

➤ 输入文字；

➤ 填充渐变色；

➤ 添加"投影"效果。

■ 操作步骤

正面制作

01 启动InDesign CC软件，新建一个空白文档，设置"页数"为2、"宽度"为200毫米、"高度"为70毫米、"出血"为3毫米，单击"边距和分栏"按钮，在弹出的"新建边距和分栏"对话框中，设置"边距"为0，设置完成后，单击"确定"按钮，新建文档如图5-112所示。

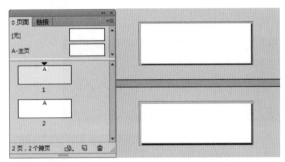

图5-112

02 在"页面"面板中，选中第1页面，使用 ▶ （选择工具）在标尺上拖曳出需要的参考线，以此来划分3折页的3个区域，如图5-113所示。

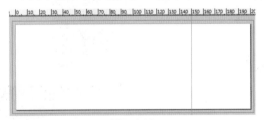

图5-113

03 置入刚才制作的"门票背景"图像，调整位置，效果如图5-114所示。

图5-114

04 使用 ✐ （直线工具），沿参考线绘制一条白色线条，然后删除参考线。执行菜单"窗口|描边"命令，打开"描边"面板，其中的参数值

设置如图5-115所示。

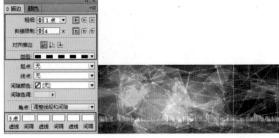

图5-115

05 置入附带的"logo.png"素材文件，将其放置到左上角处并调整大小，如图5-116所示。

图5-116

06 使用 T （文字工具）输入文字2020，如图5-117所示。

图5-117

07 使用 T （文字工具）选择文字，在 █ （渐变工具）上双击，打开"渐变"面板，设置渐变色，效果如图5-118所示。

图5-118

▶ 温馨提示

使用 ▶ （选择工具）选择文字后，填充的内容只针对框架内容；要想为文字进行填充必须使用 T （文字工具）选择文字后才能将文字进行填充设置。

08 再使用 ▶ （选择工具）选择文字，执行菜单"对象|效果|投影"命令，打开"效果"对话

框，其中的参数值设置如图5-119所示。

图5-119

09 设置完成后，单击"确定"按钮，效果如图5-120所示。

图5-120

10 复制文字，再改动文字字体，移动文字位置调整大小，效果如图5-121所示。

图5-121

11 复制文字，调整文字位置和大小，以居中对齐的方式进行布局排版，效果如图5-122所示。

图5-122

12 复制文字将其移动到最右侧，将右侧的文本进行布局调整。至此，正面制作完成，效果如图5-123所示。

图5-123

背面制作

01 框选第1页面中的所有内容，按Ctrl+C组合键进行复制；选择第2页面后按Ctrl+V组合粘贴，调整位置后删除LOGO，如图5-124所示。

图5-124

02 选择背景图和虚线，在属性栏中单击 🔲 （水平翻转）按钮，效果如图5-125所示。

图5-125

03 调整文字的位置，再更改文字内容，效果如图5-126所示。

图5-126

04 使用 🔲 （矩形工具）绘制一个黑色矩形，按Ctrl+]组合键向后调整顺序，设置"不透明度"为26%。至此，门票背面制作完成，效果如图5-127所示。

图5-127

05 将门票导出为PNG格式以备后用。

5.6.6 使用Photoshop制作门票的整体效果

■ 制作流程

本案例主要使用 🔲 （渐变工具）填充径向渐变

作为背景，移入素材应用变形中的"旗帜"，使用 （钢笔工具）绘制阴影形状转换成选取后填充颜色，应用"高斯模糊"滤镜，制作阴影模糊效果，具体流程如图 5-128 所示。

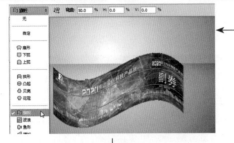

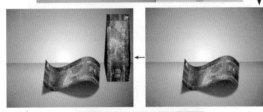

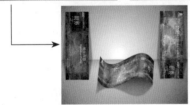

图5-128

■ 技术要点

> 使用"渐变工具"填充渐变色；
> 移入素材应用"变形"命令中的"旗帜"；
> 使用"钢笔工具"绘制阴影；
> 应用"高斯模糊"滤镜制作阴影模糊；
> 添加图层蒙版并使用"渐变工具"进行编辑；
> 使用"多边形套索工具"绘制选区。

■ 操作步骤

背景制作

01 启动Photoshop CC软件，新建一个横向的空白文档。使用 ■（渐变工具）为文档填充从白色到黑色的径向渐变，复制一个副本，按Ctrl+T组合键调出变换框，拖曳控制点将其调矮，效果如图5-129所示。

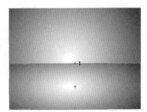

图5-129

02 按Enter键完成变换。在"图层"面板中单击 ■（添加图层蒙版）按钮，为该图层新建一个图层蒙版，使用 ■（渐变工具）在蒙版中填充从白色到黑色的线性渐变，效果如图5-130所示。

图5-130

03 单击 ■（创建新的填充或调整图层）按钮，在弹出的下拉菜单中选择"色相|饱和度"命令，打开"属性"面板，勾选"色相|饱和度"的"着色"复选框，设置各项参数值。此时，背景部分制作完成，效果如图5-131所示。

图5-131

变形门票的制作

01 打开"门票.png"素材文件，将其拖曳到新建文档中，如图5-132所示。

中文版Photoshop+InDesign商业案例项目设计完全解析

图5-132

02 执行菜单"编辑|变换|变形"命令，打开"变形"变换框，在属性栏中选择"变形"类型为"拱形"，设置"弯曲"为50.0，如图5-133所示。

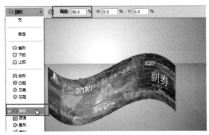

图5-133

03 按Enter键完成变换。按Ctrl+T组合键调出变换框，拖动控制点将其缩短，按住Ctrl键调整控制点，将其进行扭曲变形，如图5-134所示。

 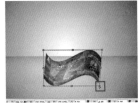

图5-134

04 按Enter键完成变换。新建一个图层，使用 （钢笔工具）绘制阴影路径，按Ctrl+Enter组合键将路径转换为选区，将选区填充黑色，如图5-135所示。

图5-135

05 按Ctrl+D组合键取消选区。执行菜单"滤镜|模糊|高斯模糊"命令，打开"高斯模糊"对话框，设置"半径"为6.4像素，单击"确定"按钮。在"图层"面板中设置"不透明度"为50%，效果如图5-136所示。

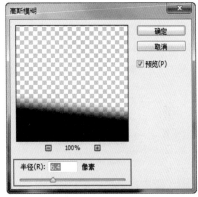

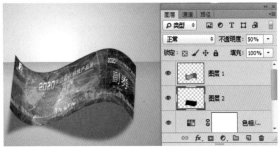

图5-136

06 按Ctrl+J组合键复制一个副本，单击 （添加图层蒙版）按钮，为该图层新建一个图层蒙版，使用 （渐变工具）在蒙版中填充从白色到黑色的线性渐变，效果如图5-137所示。

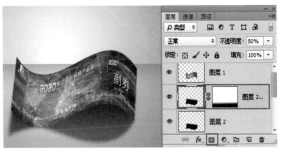

图5-137

07 新建一个图层，使用 （矩形工具）绘制黑色矩形，如图5-138所示。

08 执行菜单"滤镜|模糊|高斯模糊"命令，打开"高斯模糊"对话框，设置"半径"为15.4像素，单击"确定"按钮。按Ctrl+T组合键调出变换框，拖动控制点将其拉宽，效果如图5-139所示。

 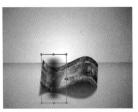

图5-138 图5-139

09 按Enter键完成变换。按住Alt键向右拖曳复制一个副本，执行菜单"图像|调整|反相"命令，减低透明度，效果如图5-140所示。

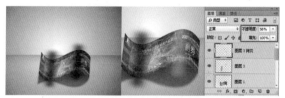

图5-140

10 使用 ✐ （橡皮擦工具）擦除多余部分，此时变形门票制作完成，效果如图5-141所示。

图5-141

直立门票的制作

01 打开"门票.png"素材文件，将其拖曳到新建文档中，将其进行90°旋转，效果如图5-142所示。

02 新建一个图层，使用 ⊠ （多边形套索工具）创建选区，将选区填充黑色，如图5-143所示。

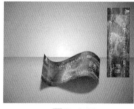

图5-142   图5-143

03 按Ctrl+D组合键取消选区，执行菜单"滤镜|模糊|高斯模糊"命令，打开"高斯模糊"对话框，设置"半径"为6.4像素，单击"确定"按钮。在"图层"面板中设置"不透明度"为35%，效果如图5-144所示。

图5-144

04 使用同样的方法制作门票背面效果。至此，门票的整体效果制作完成，效果如图5-145所示。

图5-145

5.7 优秀作品欣赏

06 第 6 章
户外媒体版式设计与制作

本章重点：
- ➤ 户外广告设计的概述与应用
- ➤ 户外广告的特点及构成要素
- ➤ 常见户外广告形式
- ➤ 户外广告设计时的制作要求
- ➤ 户外广告的优缺点对比
- ➤ 商业案例——科技公司户外围栏广告
- ➤ 商业案例——站牌户外广告
- ➤ 优秀作品欣赏

本章主要从户外广告设计的概述与应用、户外广告的特点及构成要素、户外广告设计时的制作要求等方面着手，介绍户外广告设计的相关应用，并通过相应的户外广告案例制作，引导读者理解户外广告在制作和设计的一些方法，以此让读者快速掌握户外广告在设计时的特点与宣传形式。

6.1 户外广告设计的概述与应用

户外广告是在建筑物外表或街道、广场等室外公共场所设立的霓虹灯、广告牌、海报等。户外广告是面向所有的公众，所以比较难以选择具体目标对象，但是户外广告可以在固定的地点长时期地展示企业的形象及品牌，因而对于提高企业和品牌的知名度是很有效的。如今，广告公司越来越关注户外广告的创意、设计效果的实现。各行各业都热切

希望迅速提升企业形象、传播商业信息，各级政府也希望通过户外广告树立城市形象，美化城市。这些都给户外广告制作提供了巨大的市场机会，也因此提出了更高的要求。

户外广告的主要应用有路牌广告、招贴广告、壁墙广告、海报、条幅、霓虹灯、广告柱以及广告塔灯箱广告、户外液晶广告机等。在户外广告中，路牌、招贴是最为重要的两种形式，影响甚大。设计制作精美的户外广告带成为一个地区的象征，如图6-1所示。

图6-1

6.2 户外广告的特点及构成要素

户外广告设计与其他广告设计相比，更具有特殊性。户外广告没有具体的尺寸规定，可以根据所处的位置以及客户要求来确定具体的尺寸。有时户

外广告是用来远观的，尺寸会非常的巨大，所以在设计时只需要将文档分辨率设置在72dpi以上即可，只要能保证印刷质量就行。

凡是能在露天或公共场合通过广告表现的形式，同时向许多消费者进行诉求，以达到推销商品这一目的的媒体都可以称为户外广告媒体。户外广告具有到达率高、视觉冲击力强、发布时段长、投入成本低、城市覆盖率高等特点，文字、图像和色彩是户外广告设计的3大要素。

1. 文字

与其他的广告不同，户外广告中的文字信息必须以简明扼要为基本要求，力求以最少的文字达到最有效的宣传效果，户外广告的文字内容集中在品牌名、产品名、企业名或标准统一的广告用语上，字体选择应该尽量单一化，不可以选择过多的字体，注意应用企业的标准字体，如图6-2所示。

图6-2

2. 图像

由于户外广告必须在一瞬间抓住行人的眼球，因此广告中的图像要有极强的视觉冲击力，并且不能过于复杂，如图6-3所示。

图6-3

3. 色彩

色彩是户外广告给人的第一印象，因此也是极为重要的元素。户外广告中的色彩应该能够非常准确地传递广告主题的情感，才能使人产生共鸣，并留下深刻印象。户外广告在色彩明度、纯度和色相等方面要注意各因素彼此间的对比统一关系，注意运用企业和产品的标准色系或形象色彩，如图6-4所示。

图6-4

6.3 常见户外广告形式

户外广告种类很多，从空间角度可划分为平面户外广告和立体户外广告；从技术含量上可划分为电子类户外广告和非电子类户外广告；从物理形态角度可划分为静止类户外广告和运动类户外广告；从购买形式上可划分为单一类户外广告和组合类户外广告。

1. 平面户外

平面户外广告包括的种类非常多，其中也囊括电子类、非电子类、静止类以及运动类等，特点是以二维平面的方式进行制作，如图6-5所示。

图6-5

2. 立体户外

立体户外广告与平面类相类似，就是制作的广告形式是立体的，如图6-6所示。

图6-6

3. 电子类

电子类户外广告包括霓虹灯广告、激光射灯广告、三面电子翻转广告牌、电子翻转灯箱和电子显示屏等，如图6-7所示。

图6-7

4. 非电子类

非电子类户外广告包括路牌、商店招牌、活动门广告、条幅以及车站广告、车体广告、充气模型广告和热气球广告等，如图6-8所示。

图6-8

5. 静止类

静止类户外广告包括户外看板、外墙广告、霓虹广告、电话亭广告、报刊亭广告、候车亭广告、单立柱路牌广告、电视墙、LED电子广告看板、广告气球、灯箱广告、公交站台广告、地铁站台广告、机场车站内广告等，如图6-9所示。

图6-9

6. 运动类

运动类户外广告包括公交车车体广告、公交车车厢内广告、地铁车厢内广告、索道广告、热气球广告、电梯门广告等，如图6-10所示。

图6-10

7. 单一类

单一类户外广告是指在购买户外媒体时单独

购买的媒体，如射灯广告、单立柱广告、霓虹灯广告、场地搭建广告、墙体广告和多面翻转广告牌等，如图6-11所示。

图6-11

8. 组合类

组合类户外广告是指可以按组或套装形式购买的媒体，如路牌广告、候车亭广告、车身广告、地铁机场和火车站广告等，如图6-12所示。

图6-12

6.4 户外广告设计时的制作要求

由于户外广告针对的目标受众在广告面前停留的时间短暂且快速，可以接受的信息容量有限。而要使受众在短暂的时间中理解、接受户外广告传递的信息，户外广告就必须更强烈地表现出给人提示和强化印象留存的作用。在制作时要注重其直观性，充分展现企业和产品的个性化特征。

户外广告的设计定位，是对广告所要宣传的产品、消费对象、企业文化理念做出科学的前期分析，是对消费者的消费需求、消费心理等诸多领域进行探究，是市场营销战略的一部分；广告设计定位也是对产品属性定位的结果，没有准确的定位，就无法形成完备的广告运作整体框架。

在设计方面，一方面可以讲究质朴、明快、易于辨认和记忆，注重解释功能和诱导功能；另一方面能够体现创意性，将奇思妙想注入户外广告中，也可以在户外广告中开设有趣味的互动功能。如此一来，即达到了广告的目的，又省去了不小的一笔开销。

中文版Photoshop+InDesign商业案例项目设计完全解析

6.5 户外广告的优缺点对比

户外广告在使用时与其他媒体的优缺点对比如表6-1所示。

表6-1　户外广告的优缺点

优点	缺点
(1) 长期性和反复性	(1) 覆盖面小
(2) 针对地区和消费者的 选择性强	(2) 效果难以测评
(3) 时效性强	
(4) 形式自由	
(5) 内容简单传达性强	
(6) 习惯性和强制性	
(7) 成本相对较低	

6.6 商业案例——科技公司户外围栏广告

6.6.1　科技公司户外围栏广告的设计思路

户外广告在设计时必须要第一时间抓住行人的

眼球，因此广告中的图像要有极强的视觉冲击力，并且不能过于复杂。

本案例是在路旁墙面上发布的一款科技广告，位于路边的户外广告，吸引客户的人群分为两种；一种是行走的路人；一种是在车上向外看的人。对于行走的路人被吸引住后，会驻足停留片刻进行详细观看，针对此类人群可以将需要表达的内容展现得详细一些；对于坐车的路人观看此广告时间过于短，所以在设计时，一定要把图像内容本身凸显在广告画面中，文字主体部分切记要大、要简，绝对不能过于烦琐，因为客户没有过多的时间去浏览。

画面中的科技球作为图像的第一视觉点，能够有效地展现科技公司该有的氛围，在画面中文字与背景反差非常大，让浏览者一眼就能看到广告要展现并说明的重点，这一点作为第二视觉点的文字来说非常重要。

6.6.2　配色分析

本案例中的配色根据展现内容的特点，以能够表现科技感的蓝色作为背景色，以白色的繁星和线条作为点缀色，这样会使科技感在背景那体现得更加完美。文字部分用橘黄色来反衬背景的蓝色，这样可以更加能够展示文字的作用，顶部的青色色块在图像中是以相近色的方式与背景相融合，如图6-13所示。

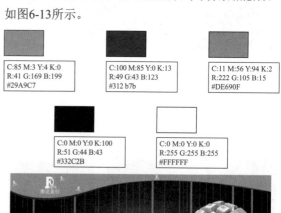

C:85 M:3 Y:4 K:0
R:41 G:169 B:199
#29A9C7

C:100 M:85 Y:0 K:13
R:49 G:43 B:123
#312b7b

C:11 M:56 Y:94 K:2
R:222 G:105 B:15
#DE690F

C:0 M:0 Y:0 K:100
R:51 G:44 B:43
#332C2B

C:0 M:0 Y:0 K:0
R:255 G:255 B:255
#FFFFFF

图6-13

6.6.3 构图布局

户外围栏广告的特点就是水平放置各个设计元素，按照人们看东西从左向右的习惯，左边是文本，右边是科技球，该构图的好处就是水平一条线可以快速浏览到全部内容，如图6-14所示。

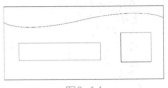

图6-14

6.6.4 使用Photoshop制作科技公司户外围栏广告的背景

■ 制作流程

本案例主要了解使用■（渐变工具）填充背景色，变换副本后应用"亮度/饱和度"命令调整区域亮度；移入素材调出选区后创建图层蒙版并使用■（渐变工具）进行编辑，新建图层绘制直线，并通过■（画笔工具）绘制圆点，变换选区内的图像后，为其添加"内发光"和"外发光"图层样式，缩小选区后填充颜色并为其应用"投影"图层样式，移入素材后设置图层混合模式，具体流程如图6-15所示。

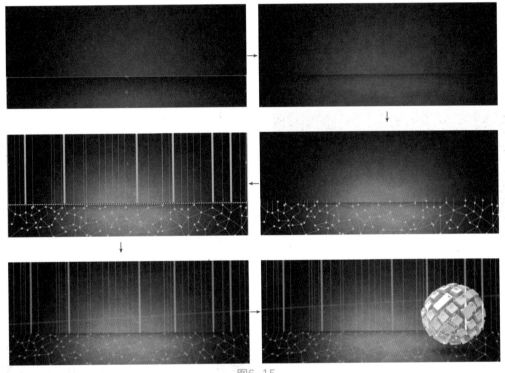

图6-15

■ 技术要点

 ➢ 新建文档填充渐变色；
 ➢ 复制背景并进行调整；
 ➢ 移入素材添加图层蒙版，使用"渐变工具"进行编辑；
 ➢ 使用"直线工具"绘制直线；
 ➢ 使用"画笔工具"绘制圆点；
 ➢ 合并图层变换选区内容；
 ➢ 添加"内发光"和"外发光"图层样式；
 ➢ 调出选区并缩小选区；

 ➢ 应用"投影"图层样式；
 ➢ 设置图层混合模式；
 ➢ 应用"高斯模糊"滤镜。

■ 操作步骤

01 启动Photoshop CC软件，新建一个对应户外围栏广告大小的空白文档。在工具箱中设置"前景色"为C:89、M:36、Y:29、K:44,设置"背景色"为C:63、M:52、Y:50、K:95，使用■（渐变工具）在"背景"图层中填充从前景色到背景色的径向渐变，效果如图6-16所示。

图6-16

中文版Photoshop+InDesign商业案例项目设计完全解析

> **温馨提示**

　　在设计户外广告时，依然可以采用分辨率为300dpi的方式进行制作，最终在进行喷绘输出时喷绘公司会根据情况将文件的分辨率降低到30～45dpi，这样设计稿的尺寸就会非常大，能够适用于户外广告牌。另外，采用喷绘方式输出的户外广告在设计时可以不预留出血。

02 复制"背景"图层，按Ctrl+T组合键调出变换框，拖动控制点将其调整，效果如图6-17所示。

图6-17

03 按Enter键完成变换。在"图层"面板中单击 █ （添加图层蒙版）按钮，为图层添加一个图层蒙版，使用 █ （渐变工具）在蒙版中填充从白色到黑色的径向渐变，效果如图6-18所示。

图6-18

04 打开附带的"数码01.jpg"素材文件，将素材拖曳到新建文档中，单击 █ （添加图层蒙版）按钮，为图层添加一个图层蒙版，使用 █ （渐变工具）在蒙版中填充从白色到黑色的径向渐变，设置"不透明度"为17%，效果如图6-19所示。

05 使用 ◯ （椭圆选框工具）在页面中绘制一个

"羽化"为100的椭圆选区，如图6-20所示。

图6-19

图6-20

06 单击 ◐ （创建新的填充或调整图层）按钮，在弹出的下拉菜单中选择"亮度/对比度"命令，在弹出的"属性"面板中设置参数调整效果，如图6-21所示。

图6-21

07 新建一个图层，使用 ╱ （直线工具）在页面中绘制青色直线线条，如图6-22所示。

图6-22

08 新建一个图层，使用 ◯ （椭圆工具）在页面中绘制青色圆形，效果如图6-23所示。

图6-23

09 按Ctrl+E组合键将"图层3"和"图层2"图层合并为新的"图层2"图层,使用 (矩形选框工具)在页面中绘制一个矩形选区,按Ctrl+T组合键调出变换框,拖动控制点将其拉高,效果如图6-24所示。

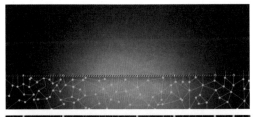

图6-24

10 按Enter键完成变换。按Ctrl+D组合键取消选区。执行菜单"图层|图层样式|内发光"命令,打开"图层样式"对话框,分别勾选"内发光"和"外发光"复选框,其中的参数值设置如图6-25所示。

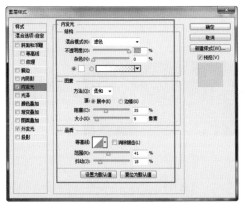

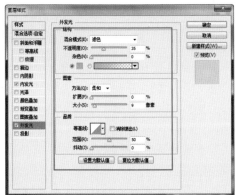

图6-25

11 设置完成后,单击"确定"按钮。在"图层"面板中设置"不透明度"为9%、"填充"为0,效果如图6-26所示。

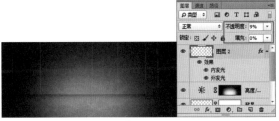

图6-26

12 复制"图层2"图层,得到一个副本,设置"不透明度"为47%、"填充"为100%,此时再将"图层2"图层中的图像向左移动,效果如图6-27所示。

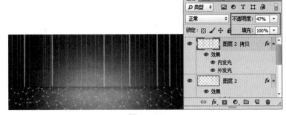

图6-27

13 按住Ctrl键单击"图层2拷贝"图层的缩览图,调出选区后,执行菜单"选择|修改|收缩"命令,打开"收缩选区"对话框,设置"收缩量"为2像素,效果如图6-28所示。

图6-28

14 单击"确定"按钮后,将选区缩小。新建一个图层,将选区填充为白色,按Ctrl+D组合键取消选区。执行菜单"图层|图层样式|投影"命令,打开"图层样式"对话框,勾选"投影"复选框,其中的参数值设置如图6-29所示。

15 设置完成后,单击"确定"按钮。在"图层"面板中设置图层混合模式为"差值"、"不透明度"为23%,效果如图6-30所示。

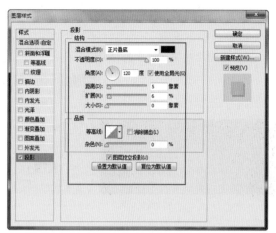

图6-29

图6-30

16 打开附带的"计算机球.psd"素材文件,将素材拖曳到新建文档中,设置图层混合模式为"划分",效果如图6-31所示。

图6-31

17 复制图层得到一个副本,设置图层混合模式为"浅色",效果如图6-32所示。

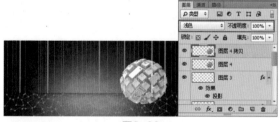

图6-32

18 新建一个图层,使用 ◯(椭圆工具)绘制一个黑色椭圆形,效果如图6-33所示。

图6-33

19 执行菜单"滤镜|模糊|高斯模糊"命令,打开"高斯模糊"对话框,设置"半径"为24像素,如图6-34所示。

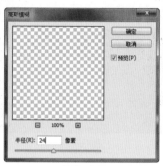

图6-34

20 设置完成后,单击"确定"按钮。在"图层"面板中设置"不透明度"为38%。至此,科技公司户外围栏广告背景制作完成,效果如图6-35所示。

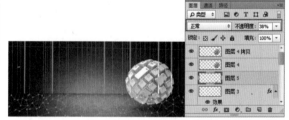

图6-35

6.6.5 使用InDesign制作科技公司户外围栏广告内容

■ 制作流程

本案例主要利用 ▢(矩形工具)绘制矩形填充渐变色,使用 ✏(添加锚点)为矩形添加锚点后,应用 ◣(转换点工具)调整矩形形状。使用 ✒(钢笔工具)绘制虚线线条,绘制矩形后将其转换为反向圆角矩形,然后输入文字,具体流程如图 6-36所示。

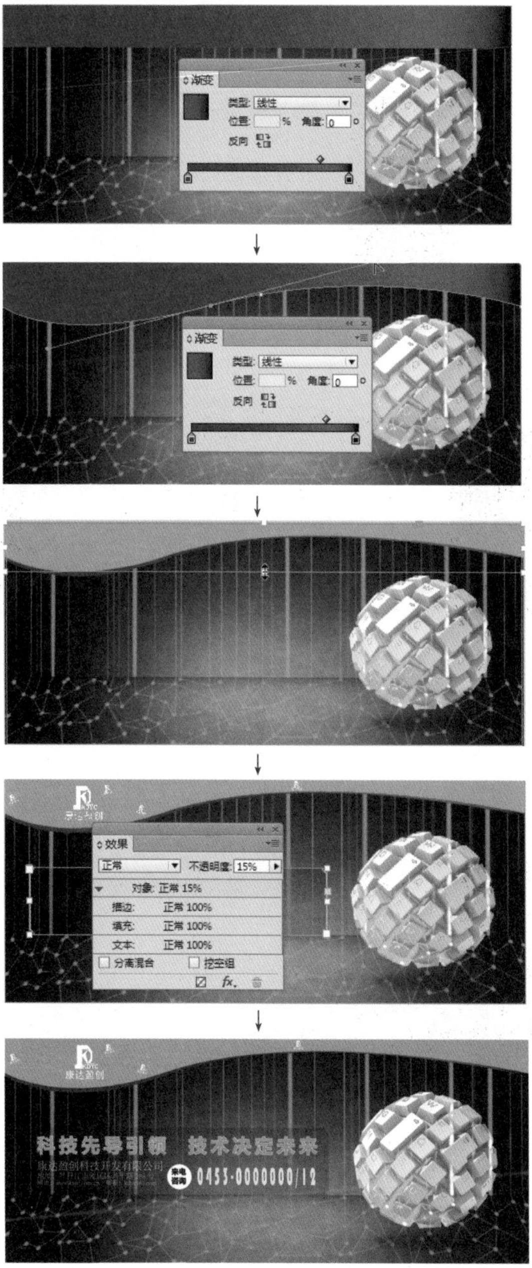

图6-36

技术要点

- 绘制矩形；
- 添加锚点后调整矩形形状；
- 填充渐变色；
- 使用“钢笔工具”绘制虚线线条；
- 设置“不透明度”；
- 使用“路径查找器”面板将矩形转换为反向圆角矩形；
- 置入素材；
- 输入文字。

操作步骤

01 启动InDesign CC软件，新建一个空白文档，设置“页数”为1、“宽度”为1200毫米、“高度”为500毫米、“出血”为3毫米，单击“边距和分栏”按钮，在弹出的“新建边距和分栏”对话框中，设置“边距”为0，设置完成后，单击“确定”按钮，新建文档如图6-37所示。

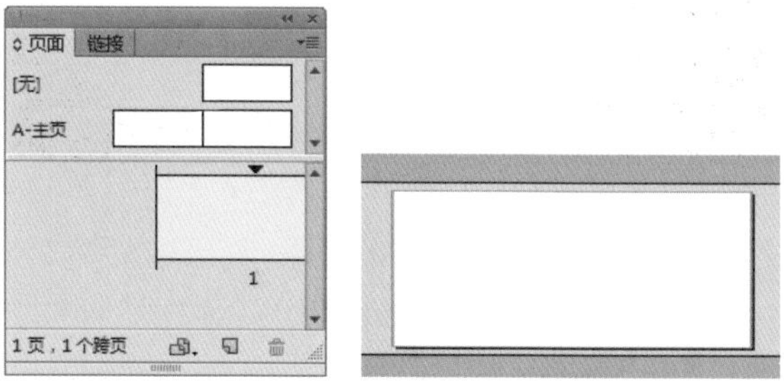

图6-37

02 执行菜单“文件|置入”命令，置入刚才使用Photoshop制作的科技公司户外围栏广告的背景，调整其在页面中的位置，如图6-38所示。

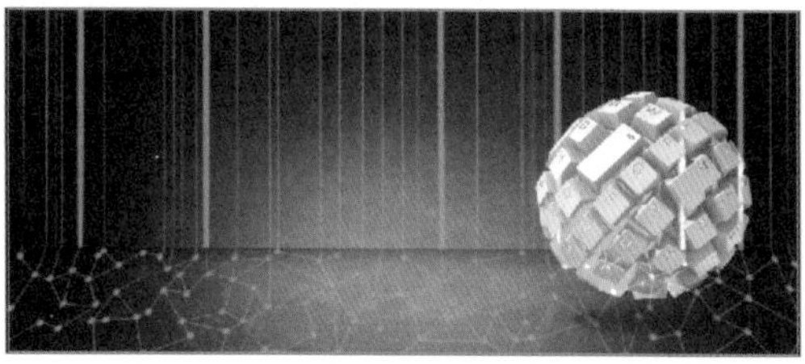

图6-38

03 使用（矩形工具）在背景顶端绘制一个矩形，双击（渐变工具），在打开的“渐变”面板中设置渐变色，效果如图6-39所示。

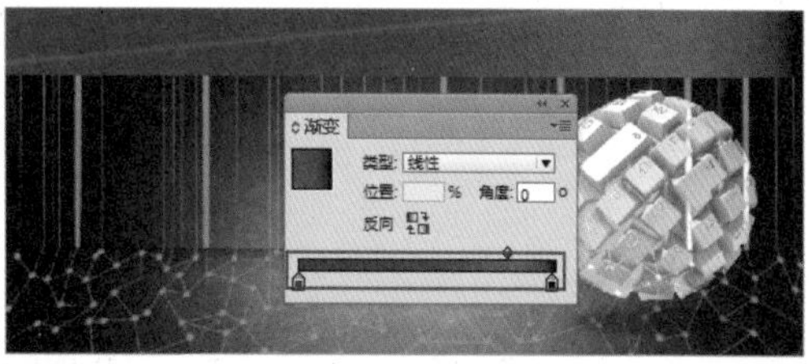

图6-39

04 使用（添加锚点）工具在矩形底部添加一个锚点，使用（转换点工具）调整控制点改变矩形形状，效果如图6-40所示。

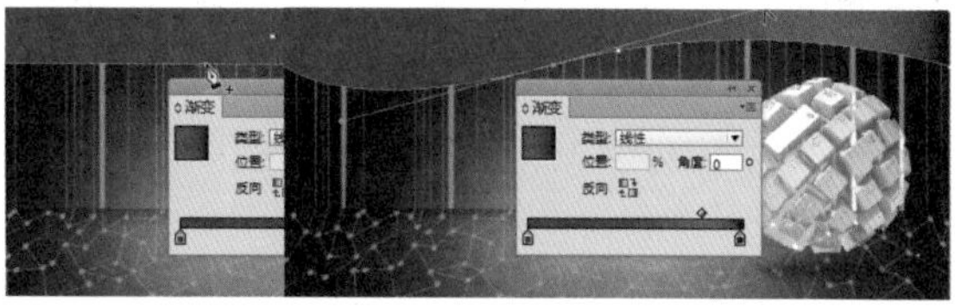

图6-40

05 按Ctrl+C组合键复制,执行菜单"编辑|原位粘贴"命令,再使用 （自由变换工具）将副本缩小,然后将其填充为青色,效果如图6-41所示。

图6-41

06 使用 （钢笔工具）在形状上面绘制几条黄色虚线线条,设置"不透明度"为32%,效果如图6-42所示。

图6-42

07 置入"logo.png"素材文件,将素材移动到合适位置,复制几个副本将其缩小、调整位置和旋转,效果如图6-43所示。

图6-43

08 使用 （矩形工具）在页面中部位置绘制一个黑色矩形,如图6-44所示。

图6-44

09 执行菜单"窗口|对象和面板|路径查找器"命令,打开"路径查找器"面板,单击 （反向圆角矩形）按钮,效果如图6-45所示。

10 在"效果"面板中设置"不透明度"为15%,效果如图6-46所示。

图6-45

图6-46

11 使用 （文字工具）在反向圆角矩形上输入橘色文字,将描边设置为黄色,效果如图6-47所示。

图6-47

12 执行菜单"对象|效果|外发光"命令,其中的参数值设置如图6-48所示。

图6-48

13 设置完成后,单击"确定"按钮,效果如图6-49所示。

图6-49

⑭ 在文字下方分别按照颜色对比、字体对比、大小对比的方法输入文字，效果如图6-50所示。

图6-50

⑮ 使用 ◯（椭圆工具）在"来电咨询"文字上绘制一个白色正圆形，按Ctrl+[组合键将其调整到文字的下方。至此，本案例制作完成，效果如图6-51所示。

图6-51

⑯ 将制作的科技公司户外围栏广告内容导出为PNG格式以备后用。

6.6.6 使用Photoshop制作科技公司户外围栏广告

■ 制作流程

本案例主要通过打开素材背景后，在页面中绘制矩形、圆角矩形，移入LOGO素材为其添加"斜面和浮雕"效果，选择图层为其设置变换，具体流程如图 6-52所示。

■ 技术要点

➢ 打开素材绘制矩形；

➢ 绘制圆角矩形；

➢ 移入素材应用"斜面和浮雕"图层样式；

➢ 应用扭曲变换对象。

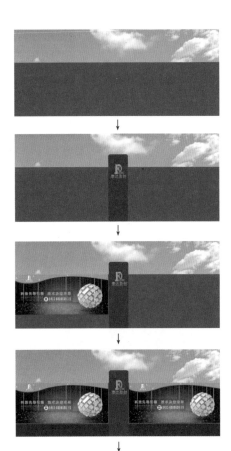

图6-52

■ 操作步骤

① 启动Photoshop CC软件，打开附带的"天空.jpg"素材文件，将素材作为背景。新建一个图层，使用 ▢（矩形工具）绘制一个颜色为C:48、M:55、Y:47、K:43的矩形，如图6-53所示。

图6-53

02 新建一个图层，使用 （圆角矩形工具）绘制一个比"图层1"图层中图像颜色稍微深一点的圆角矩形，效果如图6-54所示。

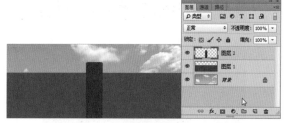

图6-54

03 打开附带的"logo2.png"素材文件，使用 （移动工具）将素材拖曳到"天空"文档中，调整大小和位置，效果如图6-55所示。

图6-55

04 执行菜单"图层|图层样式|斜面和浮雕"命令，打开"图层样式"对话框，勾选"斜面和浮雕"复选框，其中的参数值设置如图6-56所示。

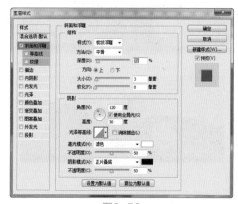

图6-56

05 设置完成后，单击"确定"按钮，效果如图6-57所示。

图6-57

06 打开前面制作的科技公司户外围栏广告，将

其拖曳到"天空"文档中，调整大小和位置，效果如图6-58所示。

图6-58

07 按住Alt键向右拖曳素材图像，复制一个副本，效果如图6-59所示。

图6-59

08 在圆角矩形所在图层的下面新建一个图层，使用 （矩形工具）绘制一个矩形，效果如图6-60所示。

图6-60

09 将除"背景"图层外的所有图层全部选取，按Ctrl+T组合键调出变换框，按住Ctrl键拖曳右上角的控制点，将其进行扭曲变换，如图6-61所示。

图6-61

10 按Enter键完成变换。复制"图层2"图层得到一个副本，移动"图层2"图层中的图像位置，单击 （创建新的填充或调整图层）按钮，在弹出的下拉菜单中选择"亮度/对比度"命令，在弹出的"属性"面板中设置各项参数。至此，本案例制作完成，效果如图6-62所示。

图6-62

6.7.1 站牌户外广告的设计思路

本案例的户外广告制作的是公交车站台处广告牌上的广告，既然是要放置到车站站牌处的广告，在设计时就要根据此类广告特点进行设计，等车时间一般都较长，所以在添加广告视觉方面一定要将广告体现的内容凸显出来，文本区域也可以做得较详细，画面中的圆形和大个的文字在整个画面中起到的作用就是让静态画面拥有层次感，整体的界面要简洁、大气并且要能突显广告的特点，这在设计时就要考虑广告针对的目标人群，而进行相应的设计。

画面中的商品虽然是一个机车的画展宣传广告，但是，对于想要参观它的人来说就是要体现出一些神秘的感觉。画面中的背景是一辆越野汽车，单从画面就能看出此广告是针对越野一族的宣传推广。

6.7.2 配色分析

本案例中的宣传内容为越野机车的展览，在配色上背景部分采取了无色彩效果，黑色给人神秘、阴郁、不安的感觉。整个点缀色部分使用了橘色，橘色给人热情、勇敢、活力的感觉。两者颜色相搭配可以非常容易地体现出越野机车的神秘、驾驶人的热情和勇敢，如图6-63所示。

C: 26 M:45 Y:64 K:0
R:199 G:153 B:103
#C79967

C:0 M:0 Y:0 K:100
R:51 G:44 B:43
#332C2B

C:0 M:0 Y:0 K:0
R:255 G:255 B:255
#FFFFFF

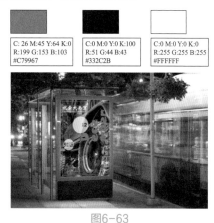

图6-63

6.7.3 构图布局

本广告的构图是以垂直的方式进行构图搭配，以文本、图形来区分整个画面，如图6-64所示。

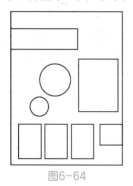

图6-64

6.7.4 使用Photoshop制作站牌户外广告背景

■ 制作流程

本案例主要移入素材应用"黑白"调整图层调整图像颜色，绘制选区并对选区应用"描边"命令，描边后通过选区清除部分区域，具体流程如图6-65所示。

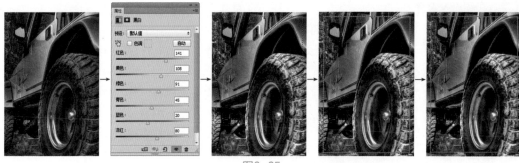

图6-65

■ 技术要点

> 移入素材；

> 创建"新的填充或调整"图层；

> 绘制矩形选区；

> 使用"描边"命令对选区进行描边；

> 描边后再通过矩形选区清除局部区域。

■ 操作步骤

01 启动Photoshop CC软件，新建一个公交站牌广告对应尺寸的横排空白文档。打开附带的"汽车.bmp"素材文件，使用 ►+（移动工具）将素材拖曳到新建文档中，如图6-66所示。

图6-66

02 在"图层"面板中，单击 ◢.（创建新的填充或调整图层）按钮，在弹出的下拉菜单中选择"黑白"命令，在打开的"属性"面板中设置各项参数值，如图6-67所示。

图6-67

03 设置完成后，得到如图6-68所示的效果。

图6-68

04 新建一个图层，使用 ▦.（矩形选框工具）在页面中绘制一个矩形选区，如图6-69所示。

05 执行菜单"编辑|描边"命令，打开"描边"对话框，其中的参数值设置如图6-70所示。

图6-69   图6-70

06 设置完成后单击"确定"按钮，效果如图6-71所示。

图6-71

07 按Ctrl+D组合键取消选区。使用 ▦.（矩形选框工具）在矩形框上绘制两个矩形选区，按

Delete键清除选区内容后，按Ctrl+D组合键取消选区。完成背景的制作，效果如图6-72所示。

图6-72

6.7.5 使用InDesign制作站牌户外广告内容

■ 制作流程

本案例主要利用 ▢ （矩形工具）绘制矩形调整不透明度后，在上面输入文字，再绘制一个正圆并在正圆上输入文字，将文字创建轮廓后将其与正圆一同选取，单击"路径查找器"中 ◫ （减去）按钮，置入文本调整文本框，具体流程如图 6-73所示。

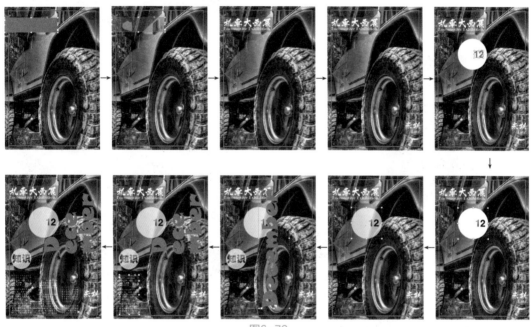

图6-73

■ 技术要点

➢ 使用"矩形工具"绘制矩形；

➢ 设置"不透明度"；

➢ 输入文字；

➢ 使用"路径查找器"面板编辑内容；

➢ 置入文本调整文本框以及文字颜色。

■ 操作步骤

01 启动InDesign CC软件，新建一个空白文档，设置"页数"为1、"宽度"为210毫米、"高度"为310毫米、"出血"为3毫米，单击"边距和分栏"按钮，在弹出的"新建边距和分栏"对话框中，设置"边距"为0，设置完成后，单击"确定"按钮，新建文档如图6-74所示。

02 执行菜单"文件|置入"命令，置入刚才使用Photoshop制作的站牌户外广告的背景，调整其在页

图6-74

面中的位置，如图6-75所示。

图6-75

03 使用▣（矩形工具）在背景左上角的线条豁口处绘制一个橘色矩形。在"效果"面板中设置"不透明度"为50%，效果如图6-76所示。

图6-76

04 在半透明的矩形上，使用 T（文字工具）输入汉字和英文，汉字部分字体选择一个毛笔书法较强的字体，如图6-77所示。

图6-77

05 使用同样的方法将右下角处的区域制作出来，效果如图6-78所示。

06 使用○（椭圆工具）在左上角矩形的下面绘制一个白色的正圆形，如图6-79所示。

图6-78　　　　　　　图6-79

07 使用 T（文字工具）在正圆形上输入数字12，执行菜单"文字|创建轮廓"命令或Ctrl+Shift+O组合键，将文字转换为图形，如图6-80所示。

图6-80

08 将正圆形和数字12一同选取，执行菜单"窗口|对象和版面|路径查找器"命令，在打开的"路径查找器"面板中单击▣（减去）按钮，效果如图6-81所示。

09 在"效果"面板中设置"不透明度"为80%，效果如图6-82所示。

图6-81

图6-81（续）

图6-82

⑩ 使用同样的方法，再制作一个小一点的空心正圆形，空心部分为中文，效果如图6-83所示。

图6-83

⑪ 使用 T（文字工具）输入橘色英文，设置"描边"为黄色，使用 ▶（选择工具）将文本进行旋转，效果如图6-84所示。

图6-84

⑫ 使用 T（文字工具）在文字中进行选取，然后按Enter键进行换行，再调整文字的位置，效果

如图6-85所示。

图6-85

⑬ 置入附带的"文"文本文件，使用鼠标在页面中绘制一个文本框，将文字设置为白色，效果如图6-86所示。

图6-86

⑭ 使用 ▶（选择工具）在文本框右下角出的红色加号上单击，然后在当前文本框中再绘制一个文本框，会将剩余的文字添加到新的文本框中，效果如图6-87所示。

图6-87

⑮ 使用同样的方法，在右侧再绘制一个文本框，效果如图6-88所示。

图6-88

16 使用 T（文字工具）将每个文本框中的一些文字设置为橘色。至此，本案例制作完成，效果如图6-89所示。

图6-89

17 将制作的效果导出为PDF格式以备后用。

6.7.6 使用Photoshop制作站牌户外广告效果

■ 制作流程

本案例主要通过 ▨（快速选择工具）创建选区后，通过"贴入"命令制作图层蒙版，通过变换命令调整蒙版中的图像，具体流程如图 6-90所示。

图6-90

■ 技术要点

➢ 打开素材使用"快速选择工具"创建选区；

➢ 全选图像进行复制；

➢ 执行"贴入"命令创建图层蒙版；

➢ 通过变换命令调整图像；

➢ 扭曲变换图像。

■ 操作步骤

01 启动Photoshop CC软件，打开附带的"站牌.jpg"素材文件，以及打开刚刚导出的站牌户外广告，如图6-91所示。

图6-91

02 在"站牌"文档中，使用 ▨（快速选择工具）在灯箱处创建选区，效果如图6-92所示。

图6-92

03 选择"站牌户外广告.png"素材文件，按Ctrl+A组合键全选整个图像，按Ctrl+C组合键进行复制，转换到"站牌"文档中，执行菜单"编辑|选择性粘贴|贴入"命令或按Alt+Shift+Ctrl+V组合键，将图像粘贴到蒙版中，效果如图6-93所示。

图6-93

04 按Ctrl+T组合键调出变换框，拖动控制点将图像缩小，如图6-94所示。

图6-94

05 缩放完成后，按住Ctrl键的同时拖动控制点，将图像进行扭曲处理，效果如图6-95所示。

图6-95

06 处理完成后，按Enter键完成变换。至此，本案例的站牌户外广告效果制作完成，如图6-96所示。

图6-96

★★★★

6.8 优秀作品欣赏

本章重点：

- 报纸广告设计的概述与应用
- 报纸版面中广告分类
- 报纸广告设计时的客户需求
- 报纸版面的常见开本和分类
- 报纸版式中的构成要素
- 商业案例——加湿器报纸广告
- 商业案例——旅游报纸版面
- 优秀作品欣赏

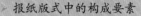

中文版Photoshop+InDesign商业案例项目设计完全解析

本章主要从报纸广告的分类、客户需求、报纸的设计构成等方面着手，介绍报纸广告及报纸版式设计的相关基础知识，并通过相应的案例制作，引导读者理解报纸广告的应用以及制作方法，使读者能够快速掌握报纸广告的目的和报纸广告的设计方法等内容。

7.1 报纸广告设计的概述与应用

报纸广告（Newspaper Advertising）是指刊登在报纸上的广告。它的优点是读者稳定，传播覆盖面大，时效性强，特别是日报，可将广告及时登出，并马上送抵读者，可信度高，制作简单、灵活。缺点主要是读者很少传阅，表现力差，多数报

纸表现色彩简单，刊登形象化的广告效果差。

报纸广告设计的主要要素包括企业标志、企业简称和全称、辅助图形、标准色、代理商或经销商地址及电话、广告语、广告内文等。在设计应用时，企业标志、企业简称和全称、辅助图形、标准色要以基础元素为标准，空出较大的版面作为每次不同广告宣传主题展示的位置，广告标语字体通常要进行设计，使主题更加突出，广告内文采用的字体要使用公司常用印刷字体，不能随意使用字体，如图7-1所示。

图7-1

7.2 报纸版面中广告分类

报纸广告在投放到报纸上时根据区域以及尺寸大小等特点，可以为其进行详细的划分，下面就来进行简单的介绍。

1. 报花广告

这类广告版面很小，形式特殊，不具备广阔的创意空间。文案只能作重点式表现，报纸广告突出品牌或企业名称、电话、地址及企业赞助之类的内

容。不体现文案结构的全部，一般采用一种陈述性的表述。报花广告大小如邮票一般大。20世纪90年代开始，许多报社为增收，把报眉改成广告内容，故称报花广告。

2. 报眼广告

报眼，即横排版报纸报头一侧的版面。版面面积不大，但位置十分显著、重要，引人注目。如果是新闻版，多用来刊登简短而重要的消息，或内容提要。这个位置用来刊登广告，显然比其他版面广告注意值要高，并会自然地体现出权威性、新闻性、时效性与可信度。

3. 半通栏广告

半通栏广告一般分为大小两类型，即约50mm×350mm或约32.5mm×235mm。由于这类广告版面较小，而且众多广告排列在一起，互相干扰，广告效果容易互相削弱。因此，如何使广告做得超凡脱俗、新颖独特，使之从众多广告中脱颖而出，跳入读者视线，是应特别注意的。

4. 单通栏广告

单通栏广告有两种类型，即约100mm×350mm或65mm×235mm。是广告中最常见的一种版面，符合人们的正常视觉，因此版面自身有一定的说服力。

5. 双通栏广告

双通栏广告有两种类型，即约200mm×350mm或约130mm×235mm。在版面面积上，它是单通栏广告的两倍。凡适于报纸广告的结构类型、表现形式和语言风格都可以在这里运用。

6. 半版广告

半版广告有两种类型，即约250mm×350mm或约170mm×235mm。半版与整版和跨版广告，均被称为大版面广告。是广告主雄厚的经济实力的体现。

7. 整版广告

整版广告有两种类型，即约500mm×350mm或约340mm×235mm。是我国单版广告中最大的版面，给人以视野开阔，气势恢宏的感觉。

8. 跨版广告

即一个广告作品，刊登在两个或两个以上的报纸版面上。一般有整版跨版、半版跨版、1/4版跨版等几种形式。跨版广告很能体现企业的大气魄、厚基础和经济实力，是大企业所乐于采用的。

在设计时，主要是指根据目标人群来制作适合这部分人群的报纸广告。保健品市场粗略的划分有女人市场、老人市场、中年人市场，还有儿童市场等，要根据人群的特点制作报纸广告，具体说明如下。

1. 针对老年的设计

老人常常是捧着一篇报纸事无巨细看一天。这样就要求广告信息量巨大，最好是从产品的古老故事到当今的发展，从病因的产生到今后的恶化，从中医理论到现代科技，都撰写一套面面俱到的文案，把产品说透。

2. 针对女人的设计

广告文案内容一定要跟"美丽、苗条、浪漫"等挂钩。在报纸广告上要求讲究设计创意，具体地说就是"花哨"越多越好。常见的例子有欧美雅、奥韵减肥胶囊等广告，共性就是充分利用广告版面的每一个角落精心设计，字体多种多样，姑且不看文案，光看设计就知道花费心思了。成功的例子还有养生堂、太太药业的广告。

3. 针对孩子的设计

针对孩子的报纸广告主要的浏览者是家长，像补钙、增高等产品，都是利用家长关心度和盲目性而制作的。广告中一定要把功能性和降低伤害度体现出来。

4. 针对男士的设计

针对男士的广告，首先应该在内容上先吸引住买家的眼球，大致可以在品质、详情以及价格等方面上做足功夫。男人在购物时大多不喜欢讲价，因此，设计此类广告时，质量最好有保证、价格最好明码实价，不要含什么水分。针对男性的商品难道购买群就是男士吗？数据显示，有40%左右的男士用品购买人群是女性群体。

5. 针对风格的设计

这里说的风格定位，可以说是目标客户群的风格定位，或是产品本身的风格定位。现在，对于女装类目下的风格已经出现40多种的细分流派，而主流的服装风格也有十几种，例如常见的民族、欧美、百搭、韩版、田园、学院、朋克、街头、简约、淑女等。

有人说为什么要对目标客户群进行这么精准的定位呢，太麻烦了。通过对客户群的定位，我们可以详细地了解客户群的心理需求，这样就可以努力满足客户的需求。只有顾客满意了，我们所做的广告才是正的有用了。

★★★★ 7.4 报纸版面的常见开本和分类

大多数的对开报纸以横排为主，使用垂直分栏，而竖排报纸采用水平分栏。一个版面先分为8个基本栏，再根据内容对基本栏进行变栏处理。

目前世界各国的报纸版面主要有对开、四开两种。其中，我国的对开报纸版面尺寸为780mm×550mm，版心尺寸为350mm×490mm×2，通常分为8栏，横排与竖排所点的比例约为8：2。四开报纸的版面尺寸为540mm×390mm，版心尺寸为490mm×350mm。

目前也出现了一些开本不规则的报纸版面，如宽幅、窄幅报纸等。

按不同的分类方法可以将报纸分成许多类。从内容上划分，可分为综合性报纸与专业报纸；从发行区域上划分，可分为全国性报纸与地区性报纸；按出版周期划分，可分为日报、早报、晚报、周报等；按版面大小，可分为对开大报和四开小报；按色彩进行划分，可分为黑白报纸、套色报纸、彩色报纸，如图7-2所示。

图7-2

★★★★ 7.5 报纸版式中的构成要素

报纸版式的构成要素包括文字、图片、色彩、分栏和线条。

文字是报纸版面中最为重要的元素，是读者获取信息的最主要的来源。文字的编排主要依靠网络系统来进行。

比起长篇累牍的文字，图片拥有光鲜夺目的色彩和极具张力的表现手法，因而更容易形成视觉冲击力，活跃版面，并填补文字的枯燥。因此，图片在报纸版面中的地位不断提高。

色彩也是报纸设计中较为视觉的一个要素，对色彩的把握能力直接关系到整个画面。色彩具有表达情感的作用，色彩的使用要符合报纸所要表达的主题。比如表现重大自然灾害造成人员伤亡的新闻时，就需要使用较为严肃的色彩，例如黑白。如果还使用鲜艳的色彩，则会给人一种不够严肃、不礼貌的印象，一个优秀的报纸版式一般都不会离开文字、图片和色彩之间的相互配合，如图7-3所示。

图7-3

对于一整版版面，分栏可以让整个布局看起来更加的标准一些，使报纸简洁、易读，更能突出报纸中需要展现的特点，即从人的因素出发，为读者服务，体现人性化的特征。分栏的最终目的也是方便阅读，也就是说，形式必须服从于功能。

报纸中常用的线条，可以使版面中的重要稿件突出；可以划分不同内容稿件方便读者阅读；可以使用线条围边、勾边或加以相同的线条装饰，使它们形成统一，有效区别于其他内容；线条具有丰富的情感语言，直线简单大方，细线精致高雅，网线含蓄文雅，花线活泼热闹，曲线运动优美。注意将线条的特点与稿件内容巧妙结合，能增强版面的感染力、表现力，获得意想不到的效果。例如，文化品位较高的文章可以使用大方单纯的直线，不宜使用花哨的线条装饰，政论性、批判性文章庄重严肃，也不适合使用花边；有的稿件内容经典，为版面中必不可少的内容，但稿件内容少，版面占据量小，易产生不和谐的空白，为了使该部分内容撑满一定的版面，可以使用线条加框处理，从而扩大空间。使用分栏和线条的报纸效果如图7-4所示。

图7-4

7.6 商业案例——加湿器报纸广告

7.6.1 加湿器报纸广告的设计思路

报纸上的广告设计大致可以分为实物类型和创

意类型两种。本案例是在报纸中发布的一款加湿器广告，针对的是需要在秋冬季节为室内干燥空气加湿的家庭。画面中的加湿器是一款实物照片，给人的感觉是空气中弥漫着雾气的感觉，找准针对人群后设计作品就有方向了。

本案例是加湿器广告，所以在设计时一定要突显出机器所带来的加湿画面，让浏览者看到广告就能将其在脑海中进行想象，让客户从心里觉得这个宣传的可信度。在画面中的第一视觉点就是加湿器本身，第二视觉点是广告中的文字，此文字以右对齐并进行字体对比、大小对比来进行构图。

7.6.2 配色分析

设计时要根据报纸广告的特点，合理的运用各个设计元素，突出广告的视觉冲击。

本案例中的配色根据案例的特点以青色作为整体的背景图像颜色，加以黄色、黑色、白色的点缀，让整个作品给人一种冷静的冷色调感觉。本作品突出的是加湿器和文字，除了图像的色调调整，青色、黄色、黑色和白色都可以在视觉中产生强烈的带入感，如图7-5所示。

C:100 M:0 Y:0 K:0
R:0 G:168 B:236
#00a8ec

C:0 M:0 Y:100 K:0
R:248 G:244 B:0
#f8f400

C:0 M:0 Y:0 K:100
R:51 G:44 B:43
#332C2B

C:0 M:0 Y:0 K:0
R:255 G:255 B:255
#FFFFFF

图7-5

7.6.3 构图布局

本案例是按照标准的排版方式中的垂直布局进行构图的，正好也是符合人们看图时的一个习惯，下面直接摆放实物以此来突出广告宣传的主体内容，上面对文字加以编辑修饰，和图像构成一个辅助说明的视觉效果，如图7-6所示。

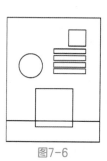

图7-6

7.6.4 使用Photoshop制作加湿器报纸广告的图像部分

■ 制作流程

本案例主要了解通过 ✐（钢笔工具）创建路径转换成选区后进行抠图，再通过移入素材并设置调整图层以及添加图层蒙版，对蒙版进行相应的编辑并应用图层混合模式，具体流程如图 7-7所示。

图7-7

■ 技术要点

> 使用"钢笔工具"进行抠图；
> 移入素材创建"色相/饱和度"调整图层；
> 添加图层蒙版；
> 使用"渐变工具"编辑蒙版；
> 使用"画笔工具"编辑蒙版；
> 设置图层混合模式；
> 添加"投影"图层样式；
> 将图层样式应用于图层；
> 应用"高斯模糊"滤镜调整图像。

■ 操作步骤

抠图操作

01 启动Photoshop CC软件，新建一个235mm×340mm的空白文档，再打开附带的"加湿器.jpg"素材文件，如图7-8所示。

图7-8

02 选择 ✐（钢笔工具）后，在属性栏中设置"模式"为"路径"后，再在图像中加湿器边缘单击创建起始点，沿边缘移动到另一点按下鼠标左键创建路径连线后拖动鼠标将连线调整为曲线，如图7-9所示。

图7-9

03 释放鼠标左键后，将指针拖动到锚点上按住Alt键，此时指针右下角出现一个 ▶ 符号，单击鼠标将后面的控制点和控制杆消除，如图7-10所示。

中文版Photoshop+InDesign商业案例项目设计完全解析

图7-10

▶ 温馨提示

　　在Photoshop中使用 🖊（钢笔工具）沿图像边缘创建路径时，如果边缘反差较大的话，可以使用 🖊（自由钢笔工具）中的"磁性的"功能，这样就可以大大增加工作效率。

04 到下一点按住鼠标拖动创建贴合图像的路径曲线，再按住Alt键在锚点上单击，如图7-11所示。

图7-11

05 使用同样的方法在加湿器边缘创建路径，过程如图7-12所示。

图7-12

06 当起点与终点重合时，指针右下角出现一个圆圈，单击鼠标完成路径的创建，如图7-13所示。

图7-13

07 路径创建完成后，按Ctrl+Enter组合键将路径转换为选区，如图7-14所示。转换为选区后备用。

图7-14

背景制作

01 打开附带的"马.jpg"素材文件，使用 ➤️（移动工具）将素材图像拖曳到新建文档中，效果如图7-15所示。

图7-15

02 单击"图层"面板底部的 ◐.（创建新的填充或调整图层）按钮，在弹出的下拉菜单中选择"色相/饱和度"命令，打开"属性"面板，勾选"着色"复选框，设置"色相"为168、"饱和度"为27、"明度"为0，如图7-16所示。

图7-16

03 设置完成后的效果如图7-17所示。

图7-17

04 打开附带的"森林.jpg"素材文件，使用 ▶ （移动工具）将素材图像拖曳到新建文档中，效果如图7-18所示。

图7-18

05 单击"图层"面板底部的 ◑. （创建新的填充或调整图层）按钮，在弹出的下拉菜单中选择"色相/饱和度"命令，打开"属性"面板，勾选"着色"复选框、设置"色相"为199、"饱和度"为50、"明度"为0，单击 ↓□ （此调整剪切到此图层）按钮，效果如图7-19所示。

图7-19

06 打开附带的"船.jpg"素材文件，使用 ▶ （移动工具）将素材图像拖曳到新建文档中，效果如图7-20所示。

图7-20

07 使用 ▭ （矩形选框工具）在页面中绘制一个矩形选区，再在"图层"面板中单击 ▣ （添加图层蒙版）按钮，为选区添加一个图层蒙版，效果如图7-21所示。

图7-21

08 将"前景色"设置为青色，新建一个图层，使用 ▣ （渐变工具）在页面中填充从前景色到透明的线性渐变，效果如图7-22所示。

图7-22

09 单击 ▣ （添加图层蒙版）按钮为图层新建一个图层蒙版，使用 ▣ （渐变工具）在蒙版中填充从黑色到白色的线性渐变，以此来编辑图层蒙版，效果如图7-23所示。

图7-23

10 打开附带的"地板.jpg"素材文件，使用 ▶ （移动工具）将素材图像拖曳到新建文档中，此时背景部分制作完成，效果如图7-24所示。

图7-24

加湿器部分制作

01 选择刚才抠图的"加湿器"素材，使用 ▶ （移动工具）将选区内的图像拖曳到新建文档中，按Ctrl+T组合键调出变换框，拖动控制点将图像缩小，右击，在弹出的快捷菜单中选择"水平翻转"命令，效果如图7-25所示。

图7-25

02 按Enter键完成变换。执行菜单"图层|图层样式
|投影"命令，打开"图层样式"对话框，勾选
"投影"复选框，其中的参数值设置如图7-26
所示。

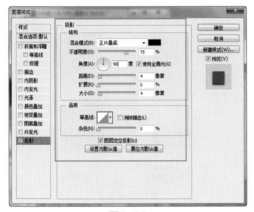

图7-26

03 设置完成后，单击"确定"按钮，效果如
图7-27所示。

图7-27

04 执行菜单"图层|图层样式|创建图层"命令，在
弹出的提示对话框中单击"确定"按钮，将投
影单独变为一个图层，如图7-28所示。

05 选中"'图层6'的投影"图层，单击 ◙ (添
加图层蒙版) 按钮，为图层添加一个图层蒙
版，使用 ✎ (画笔工具) 在蒙版中涂抹黑色，
效果如图7-29所示。

图7-28

图7-29

06 在"图层6"图层的下方新建一个图层，使用 ✉
(多边形套索工具) 在页面中绘制一个封闭的
选区，将其填充为黑色，效果如图7-30所示。

图7-30

07 按Ctrl+D组合键取消选区。执行菜单"滤镜|模
糊|高斯模糊"命令，打开"高斯模糊"对话
框，设置"半径"为3.2像素，如图7-31所示。

图7-31

08 设置完成后，单击"确定"按钮。在"图层"面板中设置"不透明度"为44%，如图7-32所示。

图7-32

09 单击 ▣ （添加图层蒙版）按钮，为图层添加一个图层蒙版，使用 ▣ （渐变工具）在蒙版中填充从黑色到白色的线性渐变，效果如图7-33所示。

图7-33

10 打开附带的"透气.jpg"素材文件，使用 ▣ （多边形套索工具）在素材中选择一个雾气图像，如图7-34所示。

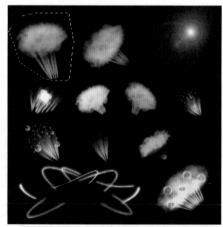

图7-34

11 使用 ▣ （移动工具）将选区内的图像拖曳到新

建文档中，按Ctrl+T组合键调出变换框，拖动控制点将图像进行缩放和旋转，设置图层混合模式为"滤色"，效果如图7-35所示。

12 按Enter键完成变换。至此，加湿器报纸广告的图像部分制作完成，效果如图7-36所示。

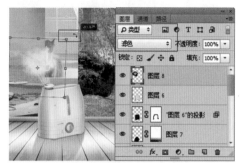

图7-35

图7-36

7.6.5 使用InDesign制作加湿器报纸广告文字部分

■ 制作流程

本案例主要利用 ▣ （矩形工具）绘制矩形并在"路径查找器"面板中将其转换为圆角矩形，再设置"不透明度"，使用 T （文字工具）输入文字，设置多边形并进行绘制，具体流程如图 7-37所示。

■ 技术要点

➢ 绘制矩形；

➢ 使用"路径查找器"面板设置圆角矩形；

➢ 设置"不透明度"；

➢ 输入文字。

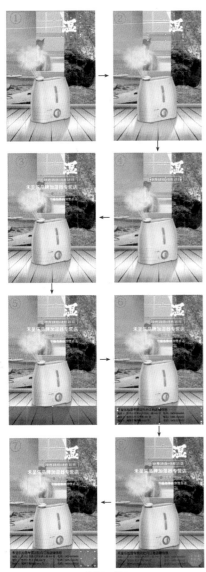

图7-37

■ 操作步骤

01 启动InDesign CC软件，新建一个空白文档，设置"页数"为1、"宽度"为235毫米、"高度"为340毫米、"出血"为3毫米，单击"边距和分栏"按钮，在弹出的"新建边距和分栏"对话框中，设置"边距"为0，设置完成后，单击"确定"按钮，新建文档如图7-38所示。

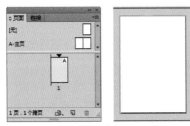

图7-38

02 执行菜单"文件|置入"命令，置入刚才使用Photoshop制作的加湿器报纸广告背景，调整其在页面中的位置，然后在"标尺"上按下鼠标左键拖曳出辅助线，如图7-39所示。

03 使用 T.（文字工具）在背景顶端靠右侧的位置输入文字"湿"，设置文字颜色为白色、描边颜色为红色，主要是让文字与背景有一个明显的对比反差。黄色描边还可以在冷色调中加入一丝的暖意，这里的字体选择一个书法感较强的毛笔字体，效果如图7-40所示。

图7-39　　　　　图7-40

04 使用 □（矩形工具）在中文的底部绘制一个白色矩形框，描边宽度设置为2，让其与文字右对齐，效果如图7-41所示。

图7-41

05 执行菜单"窗口|对象与版面|路径查找器"命令，在打开的"路径查找器"面板中单击 回（转换为圆角矩形）按钮，将之前绘制的矩形变成圆角矩形，效果如图7-42所示。

图7-42

06 执行菜单"对象|角选项"命令，在打开的"角选项"对话框中设置4个角的圆角值均为10毫

米，如图7-43所示。

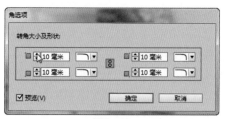

图7-43

07 设置完成后，单击"确定"按钮，效果如图7-44所示。

08 按Ctrl+C组合键复制圆角矩形，再执行菜单"编辑|原位粘贴"命令，复制一个副本，将填充设置为青色、描边设置为"无"，效果如图7-45所示。

图7-44　　　　　图7-45

09 设置完成后，在"效果"面板中将"不透明度"设置为33%，效果如图7-46所示。

图7-46

10 将两个圆角矩形一同选取，按Ctrl+G组合键将其编组，使用 T（文字工具）在圆角矩形上输入白色文字，效果如图7-47所示。

11 在圆角矩形下面，使用 T（文字工具）输入白色文字，这个文字要选择比上面白色文字粗一点的字体，同样将其与其他文字进行右对齐，效果如图7-48所示。

12 选择圆角矩形和上面的文字，使用 ▓（自由变换工具）将缩小，再使用 T（文字工具）更改文字字体，这个字体选择细一点，效果如

图7-49所示。

图7-47　　　　　图7-48

13 使用 T（文字工具）在小圆角矩形的下面输入白色文字，字体选择稍微粗一点的，此时上面广告文字部分制作完成，此处的文字应用大小对比、字体对比，效果如图7-50所示。

图7-49　　　　　图7-50

14 使用 ▭（矩形工具）在底部绘制一个黑色矩形，设置"不透明度"为31%，效果如图7-51所示。

图7-51

15 使用 T（文字工具）输入文字，在黑色矩形上面输入黑色文字，将首行的文字设置的粗一点和大一点，让其与上面的文字形成对比，效果如图7-52所示。

16 在工具箱中的 ⬡（多边形工具）上双击，打开"多边形设置"对话框，设置"边数"为8、"星形内陷"为0，如图7-53所示。

图7-52　　　　　　　图7-53

17 设置完成后，单击"确定"按钮。使用 ▣（多边形工具）在黑色矩形上绘制一个青色的八边形，效果如图7-54所示。

18 使用 T（文字工具）在八边形上输入白色文字。至此，本案例制作完成，效果如图7-55所示。

图7-54　　　　　　图7-55

★★★★ 7.7 商业案例——旅游报纸版面

7.7.1 旅游报纸版面的设计思路

报纸版面讲究的是便于观看并且还要有一定的美观，从而才能吸引更多的人来买此类报纸。

本案例版面设计的是旅游报纸。设计版面时主

要以两版相对称的一个目的进行设计，这样设计的布局比较保准，适合很多类型的报纸版面，中轴线穿插了旅游的4个主题，在两个版面中分别以这4个主题作为排版布局的内容。

7.7.2 配色分析

设计时要根据旅游针对的人群特点进行配色，因为能够细细品味旅游带来的乐趣的人群，在年龄上应该不属于青少年，所以配色上，以青色、黑色、白色作为本次报纸一个配色，橘色作为标题文字的一个点缀。青色给人清爽、寒冷、冷静的感觉，正好符合本案例推介的东北地点，如图7-56所示。

C:50 M:0 Y:2 K:2 R:141 G:206 B:240 #8dcef0	C:0 M:78 Y:87 K:0 R:237 G:148 B:3 #ed9403	C:0 M:0 Y:0 K:100 R:51 G:44 B:43 #332C2B	C:0 M:0 Y:0 K:0 R:255 G:255 B:255 #FFFFFF

图7-56

7.7.3 构图布局

本案例旅游报纸版面的构图是在水平方向分成左右两个部分，每个版面中都是从上向下的构图布局，设计构图符合从上向下的看图习惯，布局中为了增加构图的整齐性，文字和图形应用了文本绕图效果，如图7-57所示。

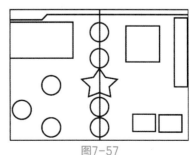

图7-57

中文版Photoshop+InDesign商业案例项目设计完全解析

7.7.4 使用Photoshop抠图

■ 制作流程

本案例主要通过 （自由钢笔工具）中的"磁性的"功能，为图像创建路径并转换为选区后，将图像进行裁切，然后进行保存，具体流程如图 7-58所示。

图7-58

■ 技术要点

> 打开素材；
> 设置"自由钢笔工具"；
> 创建路径；
> 转换路径为选区；
> 复制选区内容；
> 裁切图像。

■ 操作步骤

01 启动Photoshop CC软件，打开附带的"海星.jpg"素材文件，选择 （自由钢笔工具），在属性栏中设置各项参数值如图7-59所示。

图7-59

02 使用 （自由钢笔工具）在海星的边缘处单击鼠标左键，然后沿着海星边缘拖曳鼠标，如图7-60所示。

图7-60

03 继续沿边缘拖曳鼠标，当终点与起点重合时，单击鼠标会完成一个封闭的路径，如图7-61所示。

图7-61

04 按Ctrl+Delete组合键将路径转换为选区，按Ctrl+J组合键将选区内的图像进行复制，得到一个"图层1"图层，如图7-62所示。

05 删除"背景"图层，执行菜单"图像|裁切"命令，打开"裁切"对话框，其中的参数值设置如图7-63所示。

图7-62　　　　　　　　　　图7-63

06 设置完成后，单击"确定"按钮。将图像进行裁切，效果如图7-64所示。

图7-64

07 将其存储为PSD格式或PNG格式以备后用。

7.7.5 使用InDesign布局旅游报纸页面

■ 制作流程

本案例主要利用绘制形状后置入素材，输入文字后为图形设置文本绕图，具体流程如图7-65所示。

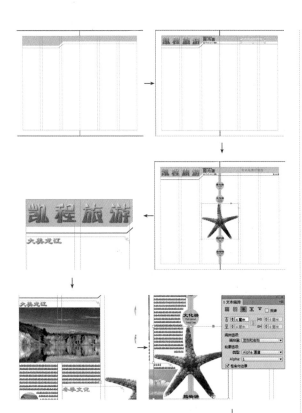

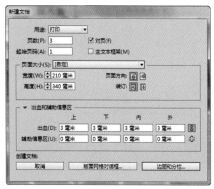

图7-66

米、"下边距"为18毫米、"内边距"为0毫米、"外编辑"为20毫米,如图7-67所示。

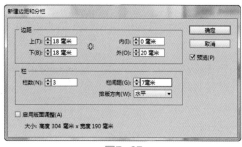

图7-67

(03) 设置完成后,单击"确定"按钮。系统会新建一个空白文档,选择第2、3页面,效果如图7-68所示。

图7-65

■ 技术要点

 ➢ 使用"矩形工具"绘制矩形;
 ➢ 使用"钢笔工具"绘制形状;
 ➢ 填充渐变色;
 ➢ 置入素材;
 ➢ 设置"文本绕图";
 ➢ 使用"路径查找器"面板编辑形状。

■ 操作步骤

标题及分版的制作

(01) 启动InDesign CC软件,执行菜单"文件|新建|文档"命令,打开"新建文档"对话框,设置"页数"为3、"宽度"为210毫米、"高度"为340毫米,勾选"对页"复选框,设置"出血"为3毫米,如图7-66所示。

(02) 单击"边距和分栏"按钮,在弹出的"新建边距和分栏"对话框中,设置"上边距"为18毫

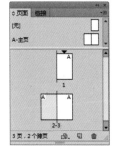

图7-68

(04) 使用 (矩形工具)在报纸页边距的顶端绘制一个颜色为C:50、M:0、Y:2、K:2的矩形,将描边颜色设置为"无",效果如图7-69所示。

图7-69

(05) 使用 (钢笔工具)在矩形的左侧部分绘制一

个封闭的图形，填充颜色与矩形一致，效果如图7-70所示。

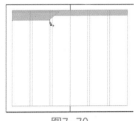

图7-70

06 使用 ✒（钢笔工具）在两个图像下方绘制一条红色的线条，设置描边的"粗细"为2点，效果如图7-71所示。

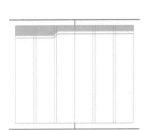

图7-71

07 使用 T（文字工具）在矩形的左侧输入文字，设置字体为"汉仪海韵体简"，调整大小后，如图7-72所示。

图7-72

08 使用 T（文字工具）选择文字后，在工具箱中双击 ■（渐变工具），在打开的"渐变"面板中设置渐变色、类型和角度，效果如图7-73所示。

图7-73

中文版Photoshop+inDesign商业案例项目设计完全解析

温馨提示

对文字填充渐变色时，必须使用 T（文字工具）选取文字，否则渐变填充的是文本框的颜色。

09 使用 ▶（选择工具）选择文字后，执行菜单"对象|效果|投影"命令，打开"效果"对话框，勾选"投影"复选框，其中的参数值设置如图7-74所示。

图7-74

10 设置完成后，单击"确定"按钮，效果如图7-75所示。

11 使用 T（文字工具）在"凯程旅游"的后面分别输入文字，调整文字大小、字体和位置，使其有一个大小和字体的对比效果，如图7-76所示。

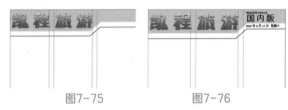

图7-75   图7-76

12 使用 T（文字工具）在右侧输入文字，如图7-77所示。

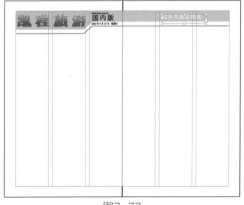

图7-77

13 使用 **T** （文字工具）选择文字后，在工具箱中双击 **■** （渐变工具），在打开的"渐变"面板中设置渐变色、类型和角度，效果如图7-78所示。

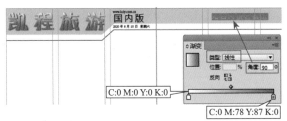

图7-78

14 使用 **T** （文字工具）在右侧输入黑色文字，效果如图7-79所示。

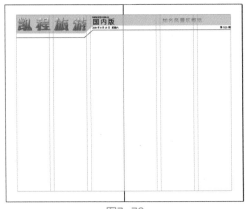

图7-79

15 使用 **■** （矩形工具）在第2、3页面中间位置绘制一个颜色为C：50、M:0、Y:2、K:2的矩形，执行菜单"对象|排列|置于底层"命令，将矩形调整到最下层，效果如图7-80所示。

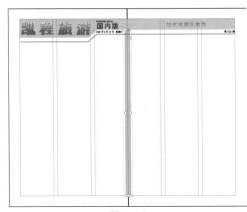

图7-80

16 使用 **○** （椭圆工具）在矩形上面绘制一个为颜色为C：50、M:0、Y:2、K:2的正圆形，效果如图7-81所示。

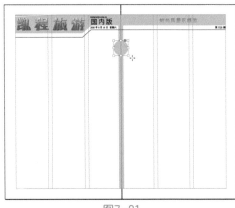

图7-81

17 使用 **T** （文字工具）在正圆形上输入黑色文字，中文字体设置的大一点，英文小一点，效果如图7-82所示。

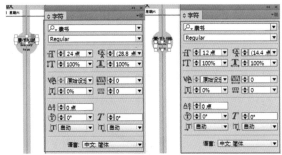

图7-82

18 使用 **▶** （选择工具）将刚才输入的文字选取，执行菜单"文字|创建轮廓"命令，将文字转换为图形，效果如图7-83所示。

图7-83

> **温馨提示**

　　在对文字和图形进行排版时，如果图形上面有文字，那么当图形与周围的文字应用"文本绕图"命令后，图形上面的文字会参与绕图设置。要解决此类问题只要将图形或图像上的文字应用"创建轮廓"命令就可以了。

19 使用同样的方法制作另外的3个正圆形和文字效果，如图7-84所示。

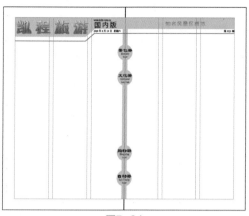

图7-84

20 执行菜单"文件|置入"命令，置入刚才使用 Photoshop抠图的"海星"，使用 ![](自由变换工具）调整图像的大小和位置。此时，标题及分版部分制作完成，效果如图7-85所示。

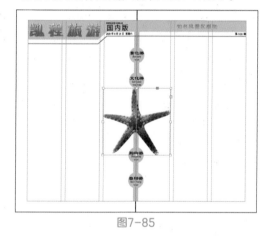

图7-85

内容区标题的制作

01 使用 ![](文字工具）在页面中输入颜色为 C：50、M:0、Y:2、K:2的文字，设置文字大小和字体，如图7-86所示。

图7-86

02 使用 ![](选择工具）选择文字后，执行菜单"对象|效果|投影"命令，打开"效果"对话框，勾选"投影"复选框，其中的参数值设置如图7-87所示。

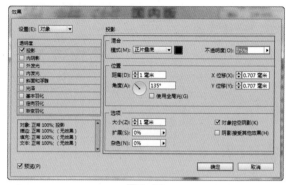

图7-87

03 设置完成后，单击"确定"按钮。文字应用投影后的效果如图7-88所示。

图7-88

04 使用 ![](钢笔工具）在文字上方绘制一个折线，设置描边的"粗细"为2点，效果如图7-89所示。

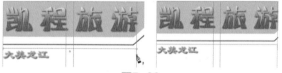

图7-89

05 执行菜单"对象|角选项"命令，打开"角选项"对话框，设置角样式为"花式"，如图7-90所示。

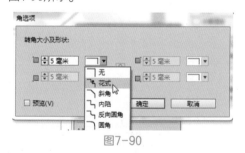

图7-90

06 设置完成后，单击"确定"按钮。此时，内容区标题制作完成，效果如图7-91所示。

图7-91

图文混排

01 使用▣（矩形工具）在文字下方绘制一个框架，效果如图7-92所示。

图7-92

02 执行菜单"文件|置入"命令，置入附带的"风景.bmp"素材文件，使用▶（直接选择工具）调整框架内图像的大小和位置，效果如图7-93所示。

图7-93

03 使用▣（文字工具）在图像下方绘制一个文本框，输入文字的内容一定要超出文本框，使其出现溢出效果，如图7-94所示。

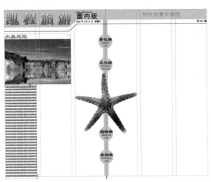

图7-94

04 使用▶（选择工具）单击文本框右下角的红色加号，将多余的文本进行提取，然后在右侧拖曳出一个矩形框，将文本放置到次框架内，如图7-95所示。

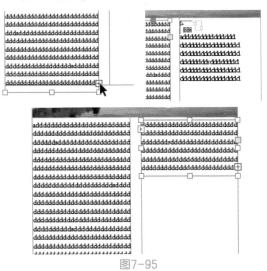

图7-95

05 使用◯（椭圆工具）在左侧文本上绘制一个正圆轮廓框架，如图7-96所示。

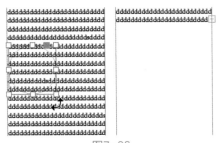

图7-96

06 在正圆形内置入一张附带的图片，使用▶（直接选择工具）调整框架内图像的大小和位置，效果如图7-97所示。

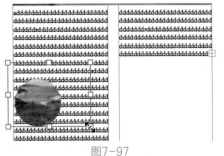

图7-97

07 选择正圆形，执行菜单"窗口|文本绕图"命令，打开"文本绕排"面板，单击▣（沿对象边缘绕排）按钮后，设置"位移"为2毫米，效果如图7-98所示。

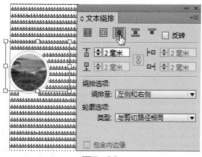

图7-98

08 按住Alt键拖曳正圆形，复制两个副本，效果如图7-99所示。

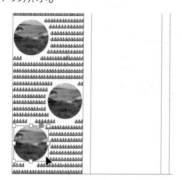

图7-99

09 选择其中一个副本，在"链接"面板中选择该图像后右击，在弹出的快捷菜单中执行"重新链接"命令，替换链接图像，效果如图7-100所示。

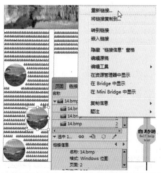

图7-100

10 使用同样的方法将另一个正圆形中的图像进行重新链接，效果如图7-101所示。

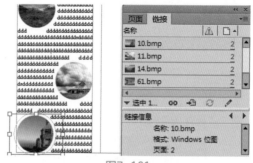

图7-101

11 复制内容标题及上面的线条，将其移动位置，使用 T.（文字工具）改变标题内容，效果如图7-102所示。

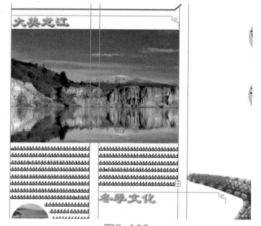

图7-102

12 使用 （钢笔工具）在标题下方绘制一个封闭的图形框，效果如图7-103所示。

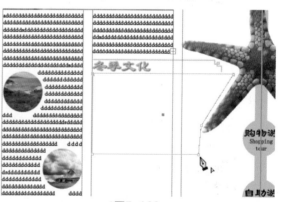

图7-103

13 选择封闭的图形框，置入一张附带的图片，使用 （直接选择工具）调整框架内图像的大小和位置，效果如图7-104所示。

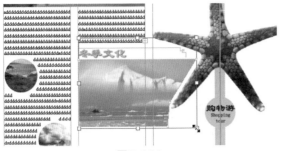

图7-104

14 使用 单击文本框右下角的红色
加号,将多余的文本进行提取,然后在右侧拖
曳出一个矩形框,将文本放置到次框架内,效
果如图7-105所示。

图7-105

15 使用 在文本框的左上角处单击
为其添加锚点,效果如图7-106所示。

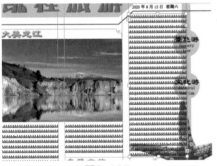

图7-106

16 使用 调整锚点位置,此时
会发现框架内的文字位置也发生了改变,效果
如图7-107所示。

图7-107

17 选择文本框右侧的矩形,在"文本绕排"面板
中单击 按钮后,设置
"位移"为3毫米,效果如图7-108所示。

图7-108

18 选择正圆形,在"文本绕排"面板中单击 ![]
(沿对象边缘绕排)按钮后,设置"位移"为3
毫米,效果如图7-109所示。

图7-109

19 为此竖排中的正圆形均设置同样的文本绕图
后,选择"海星",在"文本绕排"面板中单
击 按钮后,设置"位
移"为4毫米、"类型"为"Alpha通道"、
Alpha为1,效果如图7-110所示。

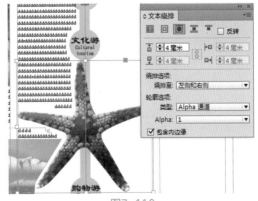

图7-110

中文版Photoshop+InDesign商业案例项目设计完全解析

对于透明背景的PSD格式、PNG格式的图像进行文本绕排时，可以通过设置"轮廓选项"选项下面的"类型"为"Alpha通道"，以使文件中只带的Alpha通道作为绕排时图像形状的依据。如果该图像没有在Photoshop中设置Alpha通道，则会以透明度制作出临时通道，以此作为绕排的形状。

⑳ 使用 ▶ （选择工具）单击文本框右下角的红色加号，将多余的文本进行提取，然后在右侧拖曳出一个矩形框，将文本放置到次框架内，效果如图7-111所示。

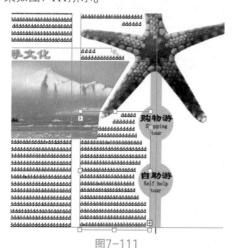

图7-111

㉑ 复制内容标题及上面的线条，将其移动位置，使用 T （文字工具）改变标题内容，效果如图7-112所示。

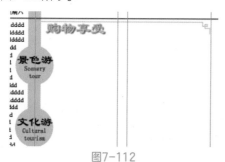

图7-112

㉒ 使用 ▶ （选择工具）单击文本框右下角的红色加号，将多余的文本进行提取，然后在右侧拖曳出一个矩形框，将文本放置到次框架内，效果如图7-113所示。

㉓ 使用 ▢ （矩形工具）在文字上绘制一个矩形框，置入附带的素材文件，选择图像后单击"文本绕图"面板中的 ▣ （沿对象边缘绕排）

按钮，设置"位移"为4毫米，效果如图7-114所示。

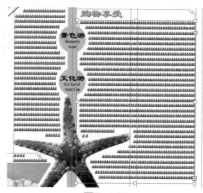

图7-113

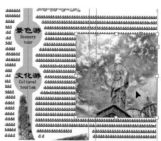

图7-114

㉔ 复制内容标题及上面的线条，将其移动位置，调整线条的宽度后，使用 T （文字工具）改变标题内容，效果如图7-115所示。

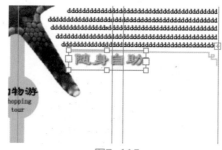

图7-115

㉕ 使用 ▶ （选择工具）单击文本框右下角的红色加号，将多余的文本进行提取，然后在右侧拖曳出一个矩形框，将文本放置到次框架内，效果如图7-116所示。

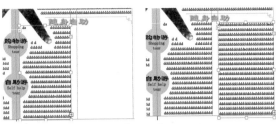

图7-116

26 使用▣（矩形工具）在文字上绘制一个矩形
框，置入附带的素材文件，选择图像后单击
"文本绕图"面板中的▣（沿对象边缘绕排）
按钮，设置"位移"为3毫米，效果如图7-117
所示。

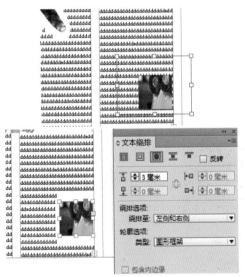

图7-117

27 复制一个矩形图像，在"链接"面板中替换链
接图片，效果如图7-118所示。

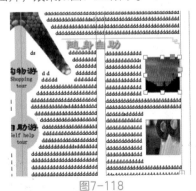

图7-118

▶ 温馨提示

在InDesign中复制图像后，副本图像的属性与
原图是一致的。

28 使用▶（选择工具）单击文本框右下角的红色
加号，将多余的文本进行提取，然后在右侧拖
曳出一个矩形框，将文本放置到次框架内，效
果如图7-119所示。

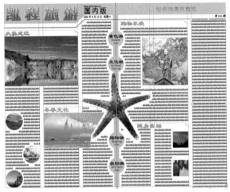

图7-119

29 使用▣（矩形工具）在文字上绘制一个矩形
框，置入附带的素材文件，选择图像后单击
"文本绕图"面板中的▣（沿对象边缘绕排）
按钮，设置"位移"为3毫米，效果如图7-120
所示。

图7-120

30 执行菜单"窗口|对象和版面|路径查找器"命
令，在"路径查找器"面板中单击▣（转换
为圆角矩形）按钮，将矩形变成圆角矩形。
执行菜单"对象|角选项"命令，打开"角选
项"对话框，其中的参数值设置如图7-121
所示。

图7-121

图7-121（续）

31 设置完成后，单击"确定"按钮，效果如图7-122所示。

32 使用 ◇（添加锚点）在文本框的左侧中间位置添加一个锚点，使用 ▶（直接选择工具）调整描点位置，效果如图7-123所示。

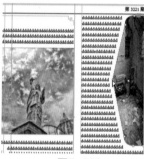

图7-122　　　　　　　　图7-123

33 使用 ▢（矩形工具）在文字上绘制一个矩形框，置入附带的素材文件，选择图像后单击"文本绕图"面板中的 ▣（沿对象边缘绕排）按钮，设置"位移"为2毫米，效果如图7-124所示。

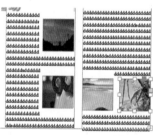

图7-124

34 在"路径查找器"面板中单击 ▣（反向圆角矩形）按钮，效果如图7-125所示。

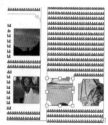

图7-125

35 此时，旅游报纸版式制作完成，效果如图7-126所示。

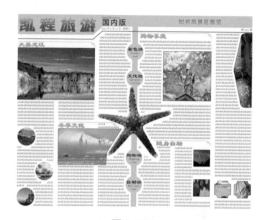

图7-126

★★★★ 7.8 优秀作品欣赏

本章重点：

- ➤ 杂志广告设计的概述与应用
- ➤ 杂志广告的特点
- ➤ 杂志广告的常用类型
- ➤ 杂志广告设计时的制作要求
- ➤ 常见杂志版面尺寸
- ➤ 杂志媒体的特点
- ➤ 商业案例——科技购物杂志广告
- ➤ 商业案例——汽车杂志内页
- ➤ 优秀作品欣赏

08 第 8 章

杂志广告及版式设计与制作

中文版Photoshop+InDesign商业案例项目设计完全解析

本章主要从杂志广告的常用类型、杂志媒体的特点等方面着手，介绍杂志广告及版式设计的相关应用，并通过相应的案例制作，引导读者理解杂志广告及版式设计的应用与制作方法，使读者能够快速掌握杂志的宣传方式。

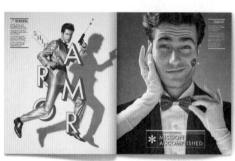

★★★★
8.1 杂志广告设计的概述与应用

杂志广告（Magazine Advertising）是刊登在杂志上的广告。杂志可分为专业性杂志（Professional Magazine）、行业性杂志（Trade Magazine）、消费者杂志（Consumer Magazine）等。杂志是一种常见的视觉媒介，因而也是一种广告媒介。杂志广告也属于印刷广告，在制作杂志广告时，可以利用制作海报广告或报纸广告的一些技巧和方法。但杂志广告也有自身的特点，所以制作时也应该考虑针对杂志广告的特点进行设计，如图8-1所示。

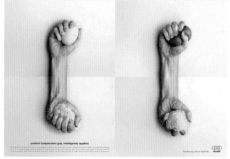

图8-1

一般来说，对于多页面、大面积的文本排版情况，目前应用最为广泛的书报排版软件有PageMaker、InDesign，还有国内的方正飞腾等。如果排版的图较多，文字较少，可以选用CorelDRAW、Illustrator、InDesign等排版软件。

8.2 杂志广告的特点

杂志广告在投放时根据媒体的特点可以为商品设计针对相应人群的针对性广告。杂志广告的特点主要体现在以下几点。

1. 时效周期长

杂志是除了书以外，具有比报纸和其他印刷品更持久优越的可保存性。杂志的长篇文章多，读者不仅阅读仔细，并且往往会重复的进行阅读。这样，杂志广告与读者的接触也就多了起来。保存周期长，有利于广告长时间地发挥作用。

2. 编辑精细，印刷精美

杂志的编辑精细，印刷精美。杂志的封面、封底常彩色印刷，图文并茂。同时，由于杂志应用优良的印刷技术进行印刷，用纸也讲究，一般为高级道林纸，因此，杂志广告具有精良、高级的特色。

3. 读者对象划分明确

专业性杂志由于具有固定的读者，可以使广告宣传深入某一专业行业。杂志的读者虽然广泛，但也是相对固定的。因此，对特定消费阶层的商品而言，在专业杂志上做广告需具有突出的针对性，适于广告对象的理解力，能产生深入的宣传效果，而很少有广告浪费。

4. 发行量大，发行面广

许多杂志具有全国性影响，有的甚至还会有世界性影响，经常大范围发行和销售。运用这一优势，对全国性的商品或服务的广告宣传，杂志广告无疑占有优势。

5. 杂志可利用的篇幅多，没有限制，可供广告主选择，并施展广告设计技巧

封页、内页及插页都可做广告之用，而且，对广告的位置，可机动安排，可以突出广告内容，激发读者的阅读兴趣。

8.3 杂志广告的常用类型

杂志广告的分类非常多，可以根据不同的杂志媒体来选择广告的投放位置，具体类型如下。

1. 折页广告

采取一折、双折、三折等形式扩大杂志一页的面积，以适应某些广告需要占用大面积的要求。

2. 跨页广告

这种广告的页面是单页广告所占页面的两倍。它的广告画面是一副完整的图案，具有充分展示广告商品的名称、品牌、功能以及价格等特点。

3. 多页广告

在一本杂志内，连续刊登多页广告，以扩大广告的知名度。

4. 插页广告

在杂志内插入可以分开列出的独页广告，使广告更加醒目，增加广告商品的趣味性和传播效果。此外，还有联卷广告、香味广告、立体广告以及有声广告等形式。

8.4 杂志广告设计时的制作要求

在不同杂志中设计与制作广告时，需要遵循以下几点制作要求。

1. 文字与图像相辅相成

杂志具有印刷精美，发行周期长，反复阅读，令人回味等特点。因此，设计与制作时要发挥杂志广告媒体自身的特点，使广告内容图文并茂。配色要与杂志内容相匹配，以此来吸引读者的注意力。同时，杂志广告中的文案部分要做到精简共存。

2. 杂志位置利用合理

位置与尺寸大小是杂志版面的两个重要因素。杂志内各版面的位置一般可以分为封面、封底、封二、封三和扉页等。上述版面顺序，一般按照广告费由多到少，广告效果由大到小的顺序排列。同一版面的广告位置也和报纸一样，根据文案划分上比下好、大比小好，横排字则左比右好，竖排字则右比左好。

3. 情景配合

杂志广告的情景配合与报纸广告的要求大体相

同，即同类广告最好集中在一个版面内：内容相反或互相可能产生负面影响的广告安排在不同的版页上，以确保单个杂志广告的效果。

4. 采用多种形式

杂志广告的制作要运用多种手段，采用各种形式，使杂志广告的表现形式丰富多彩。

8.5 常见杂志版面尺寸

杂志版面的规格是以杂志的开本为准，主要有32开、16开、8开等，其中16开的杂志是最常见的。细心的读者会发现，同样是16开的杂志，大小也是不一样的，原因是16开的杂志开本，又可以分为正度16开和大度16开，这就要求设计师在设计广告作品之前，首先弄清楚杂志的具体版面尺寸。32开的版面尺寸为203mm×140mm，8开的版面尺寸为420mm×285mm，正度16开的版面尺寸为185mm×260mm，大度16开的版面尺寸为210mm×285mm。目前，我国使用最广泛的是大度16开的杂志版面尺寸。

8.6 杂志媒体的特点

杂志的版式设计包含了封面与内页两个部分，它们需要与杂志的文化内涵相呼应。通过丰富的表现手法和内容，使对视觉思维的直观认识与推理认识达到高度的统一，以满足读者认知的、想象的、审美的多方面要求。

杂志没有报纸那样快速性、广泛性、经济性的优势，然而它有着自身的优势，主要表现在以下几个方面。

1. 针对性强

"定位准确，专业性强"是杂志媒体的一大特点。杂志是面向特定目标对象的针对性媒体，如汽车类杂志，该杂志的读者几乎都是对汽车感兴趣或想要具体了解汽车相关知识的人群。同时，这些人又都是汽车衍生品的目标消费群体。因此，在杂志中投放广告命中率比较高。如果某一杂志的读者群

和某一产品的目标对象一致，它自然将成为该产品比较理想的广告投放媒体。

2. 品质高

杂志广告是所有的平面广告中最精美的。由于杂志的图片质量较高，因而增加了杂志信息传达的感染力，丰富了信息传达的手段，这是报纸所没有的优势。现在有很多人看杂志，其实就是在看图片。虽然大多数的杂志，翻开后呈现给浏览人的内容几乎全是广告，但人们依然乐此不疲地购买，这正是杂志广告中精美图片的功劳。通过高质量的、细腻又精美的图片，可以给消费者很强的视觉冲击力，并留下深刻的印象，从而会对其中广告宣传的商品进行购买。

3. 重复阅览及传阅度高

杂志的生命周期长。此外，一本好的杂志经常在同事、朋友之间相互传阅，也是常有的事情。所以，杂志信息可以多次接触消费者，让消费者快速记忆，因此它是理解度较高的媒体。

4. 消费人群

非常重要的一点，由于杂志是个人出钱购买的读物，因此对其中的商品会有主动购买的意愿，对杂志传达的信息也能欣然接受。通常情况下，喜欢经常购买杂志的人，都是经济层次较高的人群，所以，一些高档产品的广告，似乎刊登在杂志上会更有效，如汽车、数码产品、化妆品、服装等。

8.7 商业案例——科技购物杂志广告

8.7.1 科技购物杂志广告的设计思路

杂志广告与报纸广告不同，在客户手中留存的

中文版Photoshop+InDesign商业案例项目设计完全解析

时间比较长，被翻阅的次数也比较多，所以在制作时要尽量的精致一些，视觉效果要更美一些，内容要凸显出广告本身功能等各方面的特点。

本案例是在杂志中发布的一款科技网络购物宣传广告，中间圆球中的各个商品可以作为此网络购物的宣传内容，在设计时要考虑此广告是宣传网络购物的，传达的媒体是科技杂志，所以在制作时要将广告本身的科技感凸显出来，在视觉传达中要给客户一个身处科技氛围的宣传中，无论是背景还是展示商品的平台都要将科技感传达出来。

8.7.2　配色分析

本案例中的配色根据案例的特点以无色彩的灰色作为整体的图像配色，其中的橘黄色和蓝色是作为无色彩的一个点缀，让整个广告在黑白色彩中表现出高贵神秘的感觉。单从广告上看就能感觉到出售的商品并不廉价，如图8-2所示。

C:0 M:23 Y:75 K:0
R:252 G:205 B:77
fccd4d

C:100 M:52 Y:0 K:13
R:0 G:93 B:167
005da7

C:0 M:0 Y:0 K:100
R:51 G:44 B:43
#332C2B

C:0 M:0 Y:0 K:0
R:255 G:255 B:255
#FFFFFF

图8-2

8.7.3　构图布局

本案例是按照从上向下的垂直构图方式，商品被放置到最中间靠下的位置，上下添加的文字辅助说明，从中一眼就能看到第一视觉点是展示的商品区域，第二视觉点是用来辅助的文字部分，如图8-3所示。

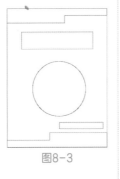
图8-3

8.7.4　使用Photoshop制作科技购物杂志广告的图像部分

■　制作流程

本案例主要了解移入素材应用"球面化"滤镜，定义图案后设置图层混合模式，使用🖌（画笔工具）绘制笔触并设置图层混合模式，具体流程如图8-4所示。

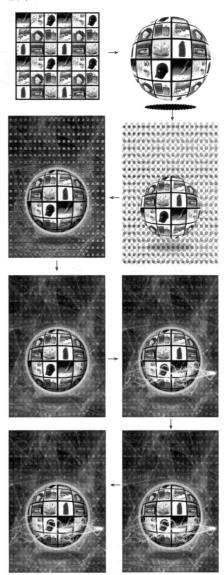
图8-4

■　技术要点

➢　新建文档移入素材；

➢　合并图层；

➢　绘制正圆选区并应用"球面化"滤镜；

➢　绘制椭圆选区并填充为黑色；

- 应用"高斯模糊"滤镜；
- 应用"定义图案"命令；
- 创建"图案"填充图层；
- 应用"内阴影"和"外发光"图层样式；
- 设置图层混合模式；
- 画笔绘制预设笔触。

■ 操作步骤

背景区域的制作

01 启动Photoshop CC软件，新建一个对应杂志相应大小的空白文档。执行菜单"文件|打开"命令或按Ctrl+O组合键，打开附带的"贴图.jpg"素材文件，如图8-5所示。

图8-5

02 使用 ▶ （移动工具）将素材图像拖曳到新建文档中，得到"图层1"图层。然后复制3个副本并移动位置，如图8-6所示。

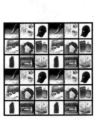

图8-6

03 按Ctrl+E组合键3次，向下合并图层，使用 ○ （椭圆选框工具）在合并后的图像上绘制一个正圆选区，效果如图8-7所示。

04 执行菜单"滤镜|扭曲|球面化"命令，打开"球面化"对话框，其中的参数值设置如图8-8所示。

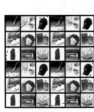

图8-7　　　　图8-8

05 设置完成后，单击"确定"按钮。按Ctrl+Shift+I组合键反选选区，按Delete键清除选区内容，效

果如图8-9所示。

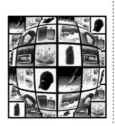

图8-9

06 按Ctrl+D组合键取消选区。在"图层1"图层的下方新建一个图层，使用 ○ （椭圆选框工具）绘制一个椭圆选区，将选区填充为黑色，效果如图8-10所示。

图8-10

07 按Ctrl+D组合键取消选区。执行菜单"滤镜|模糊|高斯模糊"命令，打开"高斯模糊"对话框，设置"半径"为6像素，如图8-11所示。

图8-11

08 设置完成后，单击"确定"按钮。在"图层"面板中设置"不透明度"为49%，效果如图8-12所示。

09 隐藏"背景"图层，执行菜单"编辑|定义图案"命令，打开"图案名称"对话框，设置"名称"为"球"，如图8-13所示。

中文版Photoshop+InDesign商业案例项目设计完全解析

图8-12

图8-13

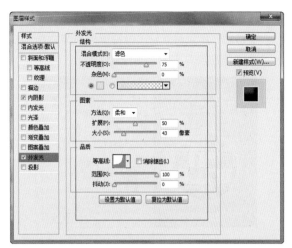

10 设置完成后，单击"确定"按钮。在"图层"
面板中单击 ○. （创建新的填充或调整图层）按
钮，在弹出的下拉菜单中选择"图案"命令，
在弹出的"图案填充"对话框中，系统会自动
将刚才定义的图案作为填充内容，设置"缩
放"为5%，其他参数不变，如图8-14所示。

图8-14

11 设置完成后，单击"确定"按钮，效果如
图8-15所示。

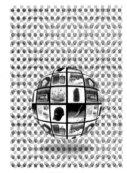

图8-15

12 选择圆球所在的"图层1"图层，执行菜单"图
层|图层样式|外发光"命令，打开"图层样式"
对话框，分别勾选"外发光"和"内阴影"复
选框，其中的参数值设置如图8-16所示。

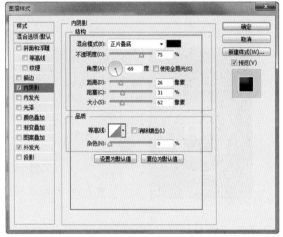

图8-16

▶ 温馨提示

　　在Photoshop中除了"斜面和浮雕"图层样式可
以制作出立体视觉感外，还可以通过"内阴影"图
层样式制作一个球面的视觉效果。

13 设置完成后，单击"确定"按钮。此时会发现
应用图层样式后的效果更加具有立体感，如
图8-17所示。

图8-17

14 打开附带的"数码01.jpg"素材文件，使用 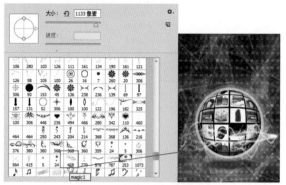（"移动工具"将素材图像拖曳到新建文档中，得到"图层3"图层，如图8-18所示。

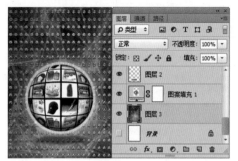

图8-18

15 显示"背景"图层，设置"图层3"图层混合模式为"明度"，效果如图8-19所示。

图8-19

16 设置"图案填充1"图层混合模式为"颜色减淡"、"不透明度"为31%，此时背景部分制作完成，效果如图8-20所示。

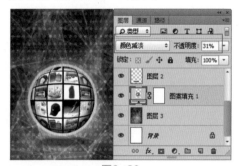

图8-20

修饰图像的制作

01 将"前景色"设置为白色，在最顶层新建一个图层，使用 （画笔工具）选择一个纹理笔触后，在页面中绘制一个白色纹理画笔如图8-21所示。

02 执行菜单"选择|载入选区"命令，打开"载入选区"对话框，其中的参数值设置如图8-22所示。

图8-21

图8-22

03 设置完成后单击"确定"按钮。调出"图层4"图层中图像的选区，效果如图8-23所示。

图8-23

04 新建一个图层，将选区填充为黄色，效果如图8-24所示。

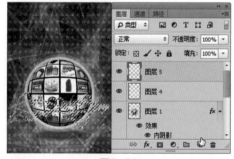

图8-24

05 按Ctrl+D组合键取消选区。在"图层"面板中设置图层混合模式为"颜色"，效果如图8-25所示。

中文版Photoshop+InDesign商业案例项目设计完全解析

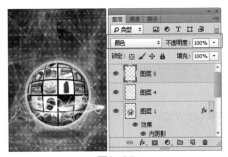

图8-25

06 新建一个图层，使用 ✏️（画笔工具）绘制黄色
的气泡笔触，如图8-26所示。

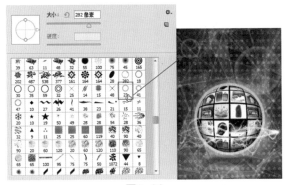

图8-26

07 在"图层"面板中设置图层混合模式为"划
分"，将其变为蓝色，与背景变得更加融合。
至此，本案例图像部分制作完成，效果如
图8-27所示。

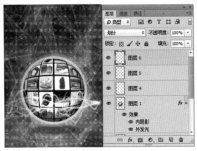

图8-27

8.7.5 使用InDesign制作科技购物杂志广告最终效果

■ 制作流程

本案例主要利用 ▭（矩形工具）绘制矩形后，
在"路径查找器"面板中将其合并，再在"效果"
面板中设置"不透明度"，使用 T（文字工具）输
入文字并对文字进行编辑，再为其添加"外发光"
和"光泽"效果，具体流程如图 8-28所示。

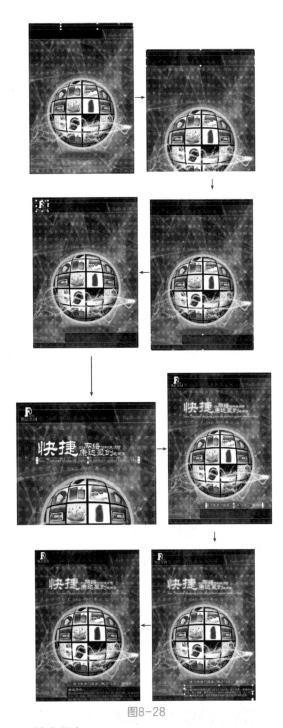

图8-28

■ 技术要点

➢ 新建文档置入素材；

➢ 绘制矩形；

➢ 单击"路径查找器"面板中的"相加"
按钮；

➢ 设置"不透明度"；

➢ 输入文字；

➢ 在"字符"面板中编辑文字。

01 启动InDesign CC软件，新建一个空白文档，设置"页数"为1、"宽度"为185毫米、"高度"为260毫米、"出血"为3毫米，单击"边距和分栏"按钮，在弹出的"新建边距和分栏"对话框中，设置"边距"为0，设置完成后，单击"确定"按钮，新建文档如图8-29所示。

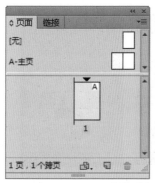

图8-29

02 执行菜单"文件|置入"命令，置入刚才使用Photoshop制作的科技购物杂志广告的图像部分，调整其在页面中的位置，然后在"标尺"上按下鼠标左键拖曳出辅助线，如图8-30所示。

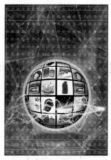

图8-30

03 使用 ▣（矩形工具）在顶端根据辅助线绘制两个黑色矩形，效果如图8-31所示。

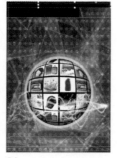

图8-31

04 使用 ▶（选择工具）选择两个矩形，执行菜单"窗口|对齐和版面|路径查找器"命令，在打开的"路径查找器"面板中单击 ▣（相加）按钮，将两个矩形合并为一个对象，效果如图8-32所示。

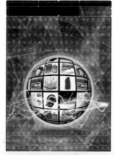

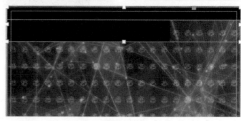

图8-32

05 执行菜单"窗口|效果"命令，打开"效果"对话框，设置"不透明度"为49%，效果如图8-33所示。

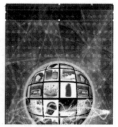

图8-33

06 按Alt键将合并后的图形向下拖曳，复制一个副本，在属性栏中单击 ▣（水平翻转）按钮和 ▣（垂直翻转）按钮，将副本进行翻转，效果如图8-34所示。

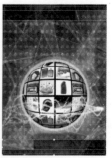

图8-34

中文版Photoshop+InDesign商业案例项目设计完全解析

07 置入附带的"logo.png"素材文件，使用 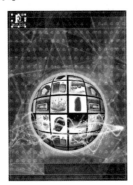（自由变换工具）调整大小和位置，效果如图8-35所示。

图8-35

08 使用 T.（文字工具）在页面中输入文字，设置字体为"汉仪中隶书简"、字体大小为85点，其他参数不变，效果如图8-36所示。

图8-36

09 在右侧输入文字，将"网络和康达盈创"字体大小设置的比其他文字大一倍，效果如图8-37所示。

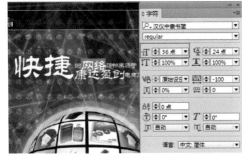

图8-37

10 选择文字"网络"，设置"基线偏移"为5点，"康达盈创"设置"基线偏移"为4点，效果如图8-38所示。

11 使用 T.（文字工具）在中文下方输入英文，效果如图8-39所示。

图8-38

图8-39

12 使用 ▶.（选择工具）将输入的文字一同选取，执行菜单"对象|效果|外发光"命令，打开"效果"对话框，勾选"外发光"复选框，其中的参数值设置如图8-40所示。

图8-40

13 在"效果"对话框的左侧勾选"光泽"复选框，其中的参数值设置如图8-41所示。

图8-41

14 设置完成后，单击"确定"按钮，效果如图8-42所示。

15 使用 **T** （文字工具）在页面底部的半透明矩形上面输入黄色文字，效果如图8-43所示。

图8-42

图8-43

16 使用 **T** （文字工具）在半透明矩形上拖曳出文本框，在文本框中输入文字，效果如图8-44所示。

图8-44

17 使用 **T** （文字工具）选择上面的文字，将字体改为"汉仪中隶书简"、"文字大小"设置为18点、"行距"设置为21.6点，效果如图8-45所示。

图8-45

18 至此，本案例科技购物杂志广告最终效果制作完成，如图8-46所示。

图8-46

8.8 商业案例——汽车杂志内页

中文版Photoshop+InDesign商业案例项目设计完全解析

8.8.1 汽车杂志内页版式的设计思路

对于杂志中的版式，以往的横平竖直便于观看的思维已经落伍了，在设计杂志版式时，可以结合杂志中对应的宣传内容而进行版式更加新颖的布局。

本案例设计的杂志内页是一款汽车方面的杂志内容，所以在创作时，按照主题和内容相分离的模式进行的设计，奇数页以标题的方式展现主要说明的内容；偶数页以图像模块中插入多张不同地点的汽车图片，并对其进行视觉上的排列组合。以此来传递出本内页要表达的信息内容。

8.8.2 配色分析

设计时要根据内页展现的内容特点进行配色，因为本案例选择的是一款越野型的汽车，所有在配色上以黑白作为整个内页的主色，其中搭配的"砖红色"在页面中不但起到了点缀的作用，还为整个页面提供了一丝活力的气息，在针对黑白色的无色彩配色中，任何一种颜色都可以与之搭配，但是在设计时一定要考虑宣传本身要表达的内容，所以选择"砖红色"和"无色彩"相互配色，如图8-47所示。

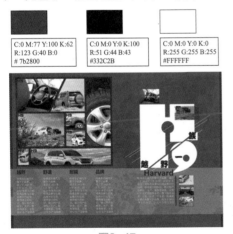

C:0 M:77 Y:100 K:62 R:123 G:40 B:0 # 7b2800	C:0 M:0 Y:0 K:100 R:51 G:44 B:43 #332C2B	C:0 M:0 Y:0 K:0 R:255 G:255 B:255 #FFFFFF

图8-47

8.8.3 构图布局

本案例汽车杂志内页的构图以偶数页显示详细内容，奇数页显示标题内容，除了在页面中的布局以外，整体的布局以上下结构进行排版，上面展示布局的图像，下面展示说明文字，如图8-48所示。

图8-48

8.8.4 使用Photoshop调整及制作图像

■ 制作流程

本案例主要将打开的素材通过"黑白"调整图层，将其去色；输入文字后将其栅格化处理，调出选区后将文档进行裁剪，具体流程如图8-49所示。

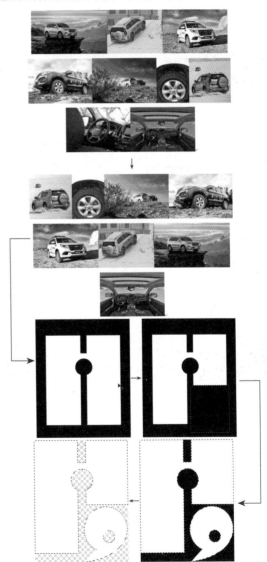

图8-49

中文版Photoshop+InDesign商业案例项目设计完全解析

■ 技术要点

> 打开素材；

> 创建"黑白"调整图层；

> 输入文字；

> 将文字图层转换为普通图层；

> 使用"矩形选框工具"创建选区；

> 删除选区内容；

> 调出两个图层的选区；

> 应用"裁剪"命令裁切图像。

■ 操作步骤

去色处理

01 启动Photoshop CC软件，打开"H901.jpg～H909.jpg"素材文件，如图8-50所示。

图8-50

02 这里需要将所有的素材都调整成黑白效果，以"H901"素材为例进行讲解，选择"H901"素材后，单击 ◐.（创建新的填充或调整图层）按钮，在弹出的下拉菜单中选择"黑白"命令，如图8-51所示。

03 选择"黑白"命令后，系统会打开"属性"面板，在其中调整"黑白"调整图层的各项参数，调整完成后，效果如图8-52所示。

图8-51

图8-52

04 使用同样的方法将其他素材调整为黑白效果，如图8-53所示。

图8-53

05 将调整为黑白效果的图片进行存储，以备后用。

文字标题的制作

01 新建一个"黑色"空白文档，如图8-54所示。

02 使用 T.（横排文字工具）在页面中输入白色字母H，如图8-55所示。

图8-54 图8-55

03 执行菜单"图层|栅格化|文字"命令，将文字图层转换为普通图层，如图8-56所示。

图8-56

04 使用 □.（矩形选框工具）在字母H的右下角处绘制一个矩形选区，按Delete键清除选区内容，效果如图8-57所示。

05 按Ctrl+D组合键取消选区。使用 T.（横排文字工具）在字母豁口处输入数字9，效果如图8-58所示。

图8-57 图8-58

06 按住Ctrl+Shift组合键单击H图层的缩览图和9图层的缩览图，调出两个图层的选区，效果如图8-59所示。

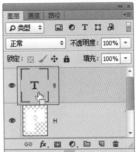

图8-59

07 执行菜单"图像|裁剪"命令，将图像按照选区的大小进行裁剪，效果如图8-60所示。

图8-60

08 隐藏"背景"图层，效果如图8-61所示。

图8-61

09 此时，文字标题制作完成，将其存储以备后用。

8.8.5 使用InDesign制作汽车杂志内页

■ 制作流程

本案例主要利用新建文档后使用 ▣（矩形工具）绘制矩形，在"路径查找器"面板中对矩形进行编辑，再置入附带的素材，使用 ▨（直接选择工具）调整素材大小，设置混合模式和"不透明度"后，使用 Ⴑ（文字工具）输入文字，具体流程如图 8-62所示。

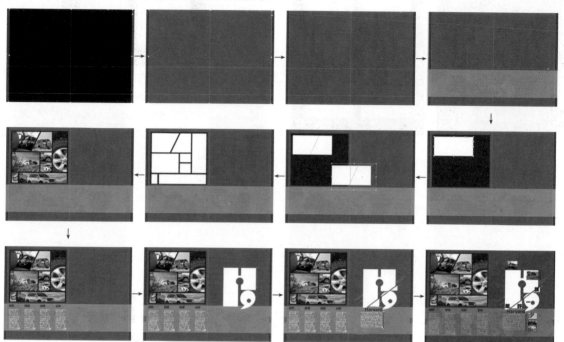

图8-62

■ 技术要点

> 新建3个页面的对页文档；
> 使用"矩形工具"绘制矩形；
> 在"路径查找器"面板中编辑矩形；
> 置入素材；
> 输入文字；
> 绘制直线；
> 设置混合模式和"不透明度"。

■ 操作步骤

① 启动InDesign CC软件，新建一个空白文档，设置"页数"为3、"宽度"为185毫米、"高度"为260毫米，勾选"对页"复选框设置"出血"为3毫米，单击"边距和分栏"按钮，在弹出的"新建边距和分栏"对话框中，设置"边距"为0，设置完成后，单击"确定"按钮，新建文档如图8-63所示。

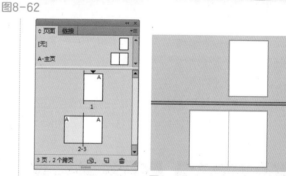

图8-63

▶ 温馨提示

要想将第2、3页面的内容以一页的形式进行导出，在创建文档时必须勾选"对页"复选框，在导出PDF文档时必须要勾选"跨页"复选框。

② 选择第2、3页面，使用 ▨（选择工具）在"标尺"上按下鼠标左键拖曳出辅助线，如图8-64所示。

③ 使用 ▣（矩形工具）依据辅助线绘制一个黑色

的矩形，如图8-65所示。

图8-64　　　　　图8-65

04 按Ctrl+C组合键复制，执行菜单"编辑|原位粘贴"命令，得到一个黑色矩形副本，执行菜单"文件|置入"命令，置入附带的"底图.jpg"素材文件，使用 ▶（直接选择工具）调整素材的大小，效果如图8-66所示。

图8-66

05 在"效果"面板中设置"不透明度"为20%，效果如图8-67所示。

图8-67

06 在第2页面处使用 ■（矩形工具）绘制一个矩形框，置入附带的"纸.jpg"素材文件，使用 ▶（直接选择工具）调整大小并进行旋转，效果如图8-68所示。

图8-68

07 在"效果"面板中设置混合模式为"正片叠底"、"不透明度"为35%，效果如图8-69所示。

图8-69

08 使用 ▶（选择工具）按住Alt键的同时向第3页面拖曳图像，复制一个副本，效果如图8-70所示。

09 使用 ■（矩形工具）依据辅助线绘制一个黑色矩形，效果如图8-71所示。

图8-70　　　　　图8-71

10 置入附带的"底图.jpg"素材文件，使用 ▶（直接选择工具）选择置入的素材图像，设置"不透明度"为38%，效果如图8-72所示。

图8-72

11 使用 ■（矩形工具）绘制一个黑色矩形，设置"不透明度"为40%，效果如图8-73所示。

图8-73

12 使用 ■（矩形工具）在黑色矩形上绘制一个白色矩形，效果如图8-74所示。

图8-74

13 使用 ✐（钢笔工具）在白色矩形上绘制一个封闭框，将两个对象一同选取，复制一个副本，如图8-75所示。

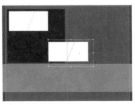

图8-75

14 选择原矩形和封闭轮廓，执行菜单"窗口|对齐和版面|路径查找器"命令，在"路径查找器"面板中单击（减去）按钮，效果如图8-76所示。

图8-76

15 选择副本矩形和封闭框，在"路径查找器"面板中单击（交叉）按钮，效果如图8-77所示。

图8-77

16 将相交后的对象移动位置，效果如图8-78所示。

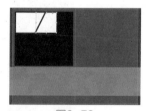

图8-78

17 使用（矩形工具）在页面绘制一些白色矩形，效果如图8-79所示。

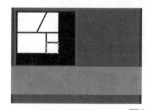

图8-79

18 选择其中的一个白色区域，置入一张黑白素材图像，使用（直接选择工具）调整素材大小，效果如图8-80所示。

19 使用同样的方法，在其他区域中置入素材，效果如图8-81所示。

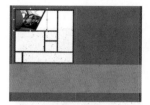 

图8-80　　　　　　　图8-81

20 使用（文字工具）在每个素材上面输入H9，将颜色设置为C:0、M:77、Y:100、K:62，效果如图8-82所示。

21 使用（文字工具）在下方的"地图"素材上输入文字，将颜色设置为C:0、M:77、Y:100、K:62，效果如图8-83所示。

图8-82　　　　　　　图8-83

22 使用（文字工具）在文字"越野"的下方拖曳出文本框，在其中输入对应的文本，将文本设置为白色，效果如图8-84所示。

图8-84

23 使用同样的方法在其他文字下方拖曳出文本框输入文字，使用（选择工具）分别选择文字和下面文本框中的文字，按Ctrl+G组合键将其群组，效果如图8-85所示。

图8-85

24 隐藏辅助线后，使用（矩形工具）在两侧绘制两个颜色均为C:0、M:77、Y:100、K:62的矩形，设置"不透明度"为40%，效果如图8-86所示。

图8-86

25 置入刚才使用Photoshop制作的标题文字，效果如图8-87所示。

26 使用 ✂（剪刀工具）在标题字上两个点处单击，将其剪开，如图8-88所示。

图8-87　　　　　　　　　　图8-88

27 选择剪开后的区域移动位置，效果如图8-89所示。

28 使用 ╱（直线工具）在剪开图形上绘制一些线条，效果如图8-90所示。

图8-89　　　　　　　　　　图8-90

29 使用 T（文字工具）输入文字，如图8-91所示。

30 使用 T（文字工具）拖曳出文本框并在文本框中输入文字，效果如图8-92所示。

图8-91　　　　　　　　　　图8-92

31 使用 ╱（直线工具）在文字边缘绘制一条线条，设置"粗细"为4点，"颜色"为C:0、M:77、Y:100、K:62，效果如图8-93所示。

32 复制左侧的3个矩形，得到3个副本，在"链接"面板中重新设置添加图像，效果如图8-94所示。

图8-93　　　　　　　　　　图8-94

33 再复制两个矩形分别替换不同图像，效果如图8-95所示。

图8-95

34 在文字图形上面的图像上绘制一个颜色为C:0、M:77、Y:100、K:62的矩形，设置"不透明度"为40%，效果如图8-96所示。

图8-96

35 至此，本案例制作完成，效果如图8-97所示。导出PDF格式以备后用。

图8-97

8.8.6 使用Photoshop制作杂志内页效果

■ 制作流程

本案例主要是在Photoshop中打开PDF文档，绘制矩形选区填充渐变色，再通过变换对图像进行变换处理，最后结合"高斯模糊"滤镜制作阴影效果，具体流程如图8-98所示。

图8-98

■ 技术要点

➢ 打开PDF素材；

➢ 使用"矩形选框工具"绘制矩形选区；

➢ 使用"渐变工具"填充黑色到透明；

➢ 使用"反相"命令调整图像；

➢ 设置"不透明度"；

➢ 盖印图层；

➢ 变换、变形处理图像；

➢ 使用"钢笔工具"绘制路径转换为选区后填充黑色；

➢ 应用"高斯模糊"滤镜。

■ 操作步骤

01 启动Photoshop CC软件，打开"汽车杂志内页.pdf"文件，在弹出的"导入PDF"对话框中设置各项参数如图8-99所示。

图8-99

02 设置完成后，单击"确定"按钮。在"标尺"上拖曳鼠标，将其放置到在第2、3页面中间位置，如图8-100所示。

03 新建一个图层，使用 ▣（矩形选框工具）绘制一个矩形选区，如图8-101所示。

图8-100   图8-101

04 使用 ▣（渐变工具）从左向右拖曳鼠标填充从黑色到透明度的线性渐变，设置"不透明度"为77%，效果如图8-102所示。

图8-102

05 按Ctrl+D组合键取消选区。复制黑色到透明渐变所在的图层，执行菜单"编辑|变换|水平翻转"命令，将图像进行翻转，再将其移动到第3页面右侧，效果如图8-103所示。

中文版Photoshop+InDesign商业案例项目设计完全解析

图8-103

06 执行菜单"图像|调整|反相"命令或按Ctrl+I组合键，将图像进行反相处理，按Ctrl+T组合键调出变换框拖曳控制点将其拉宽，效果如图8-104所示。

图8-104

07 按Enter键完成变换。在"图层"面板中设置"不透明度"为23%，效果如图8-105所示。

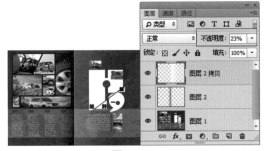

图8-105

08 按Ctrl+Shift+Alt+E组合键将所有图层盖印到一个图层中，隐藏盖印以外的所有图层，如图8-106所示。

09 在盖印图层下方新建一个图层，将其填充为青绿色，如图8-107所示。

图8-106　　　　　　　图8-107

10 选择盖印图层，按Ctrl+T组合键调出变换框，分别调整透视、缩放等变换，效果如图8-108所示。

图8-108

11 按Enter键完成变换。使用 ▽（多边形套索工具）在第2页面上创建选区，执行菜单"编辑|变换|变形"命令，调出变形框调整控制点将其变形，如图8-109所示。

图8-109

12 按Enter键完成变换。按Ctrl+D组合键取消选区。使用 ▽（多边形套索工具）在第3页面上创建选区，执行菜单"编辑|变换|变形"命令，调出变形框调整控制点将其变形，如图8-110所示。

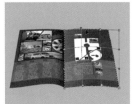

图8-110

13 按Enter键完成变换。按Ctrl+D组合键取消选区。执行菜单"图层|图层样式|投影"命令，打开"图层样式"对话框，勾选"投影"复选框，其中的参数值设置如图8-111所示。

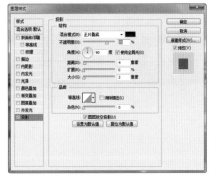

图8-111

14 设置完成后，单击"确定"按钮，效果如图8-112所示。

图8-112

⑮ 选择 🔼（移动工具）后，按住Alt键的同时单击方向键中的向上键一次、向右键一次，重复按两遍，效果如图8-113所示。

图8-113

⑯ 选择最上层，按Ctrl+T组合键调出变换框，拖动控制点变换对象，如图8-114所示。

图8-114

⑰ 按Enter键完成变换。新建一个图层，使用 🖊（钢笔工具）创建一个封闭路径，按Ctrl+Enter组合键将路径转换为选区并将其填充为黑色，效果如图8-115所示。

图8-115

⑱ 按Ctrl+D组合键取消选区。执行菜单"滤镜|模糊|高斯模糊"命令，打开"高斯模糊"对话框，其中的参数值设置如图8-116所示。

图8-116

⑲ 设置完成后，单击"确定"按钮。在"图层"面板中设置"不透明度"为85%。至此，本案例制作完成，效果如图8-117所示。

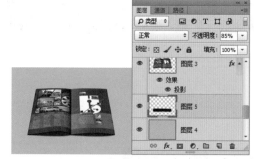

图8-117

★★★★
8.9 优秀作品欣赏

中文版Photoshop+InDesign商业案例项目设计完全解析

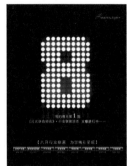

09
第 9 章
宣传海报及画册版式设计与制作

中文版Photoshop+InDesign商业案例项目设计完全解析

本章重点：

- 宣传海报及画册的概述
- 宣传海报的分类
- 宣传海报的应用形式
- 宣传海报的特点
- 宣传海报及画册的构成要素
- 宣传画册的内容与形式
- 宣传画册的版式类型
- 商业案例——旅游画册版式设计
- 商业案例——菜谱宣传单版式设计
- 优秀作品欣赏

本章主要从海报、画册的分类、构成要素等方面着手，介绍海报及画册设计的相关基础知识，并通过相应的案例制作，引导读者理解海报广告的应用以及制作方法，使读者能够快速掌握海报及画册的设计方法。

9.1 宣传海报及画册的概述

海报也叫招贴，英文为Poster，是在公共场所，以张贴或散发形式发布的一种印刷品广告。海报具有发布时间短、时效强、印刷精美、视觉冲击力强、成本低廉、对发布环境地要求较低等特点。其内容必须真实准确，语言要生动并有吸引力，篇幅必须短小。可以根据内容需要配适当的图案或图画，以增强宣传感染力。海报艺术是一种美学艺术表现形式，其表现形式多样化，如图9-1所示。

图9-1

宣传画册是企业的一张名片，包含着企业的文化、荣誉和产品等内容，展示了企业的精神和理念。宣传画册必须能够正确传达企业的文化内涵，同时给受众带来卓越的视觉感受，进而达到宣传企业文化和提升企业价值的作用，如图9-2所示。

图9-2

9.2 宣传海报的分类

海报按其应用不同大致可以分为商业海报、文化海报、电影海报和公益海报等，这里对其进行简单的介绍。

1. 商业海报

商业海报是指宣传商品或商业服务的商业广告性海报。商业海报的设计，要恰当地配合产品的格调和受众对象，如图9-3所示。

图9-3

2. 文化海报

文化海报是指各种社会文娱活动及各类展览的宣传海报。展览的种类很多，不同的展览都有它各自的特点，设计师需要了解展览和活动的内容才能运用恰当的方法表现其内容和风格，如图9-4所示。

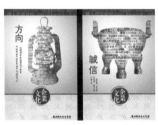

图9-4

3. 电影海报

电脑海报是海报的分支，电影海报主要是起到吸引观众注意、刺激电影票房收入的作用，画面要与电影内容相对应，与戏剧海报、文化海报等有几分类似，如图9-5所示。

图9-5

4. 公益海报

公益海报是带有一定思想性的。这类海报具有特定的对公众的教育意义，其海报主题包括各种社会公益、道德的宣传，或政治思想的宣传，弘扬爱心奉献、共同进步的精神等，如图9-6所示。

图9-6

9.3 海报的应用形式

海报广告在设计时的应用形式主要分为店内海报设计、招商海报设计、展览海报设计和平面海报设计等，具体说明如下。

1. 店内海报设计

店内海报通常应用于营业店面内，做店内装饰和宣传用途。店内海报的设计需要考虑店内的整体风格、色调及营业的内容，力求与环境相融。

2. 招商海报设计

招商海报通常以商业宣传为目的，采用引人注目的视觉效果达到宣传某种商品或服务的目的。设计是要表现商业主题、突出重点，不宜太花哨。

3. 展览海报设计

展览海报主要用于展览会的宣传，常分布于街道、影剧院、展览会、商业闹区、车站、码头、公园等公共场所。它具有传播信息的作用，涉及内容广泛、艺术表现力丰富、远视效果强。

4. 平面海报设计

平面海报设计不同于其他海报设计，它是单体的、独立的一种海报广告文案，这种海报往往需要更多的抽象表达。平面海报设计没有那么多的拘束，它可以是随意的一笔，只要能表达出宣传的主体就很好了。所以平面海报设计是比较符合现代广告界青睐的一种低成本、观赏力强的海报。

9.4 宣传海报的特点

海报广告在应用方面具有尺寸大、远视强和艺术性高等特点。

1. 尺寸大

海报张贴于公共场所，会受到周围环境和各种因素的干扰，所以必须以大画面及突出的形象和色彩展现在人们面前。其画面尺寸有全开、对开、长三开及特大画面（八张全开）等。

2. 远视强

为了使来去匆忙的人们留下视觉印象，除了尺寸大之外，海报设计还要充分体现定位设计的原理。以突出的商标、标志、标题、图形，或对比强烈的色彩，或大面积的空白，或简练的视觉流程使海报成为视觉焦点。海报可以说具有广告典型的特征。

3. 艺术性高

就海报的整体而言，它包括商业海报和非商业海报两大类。其中商品海报的表现形式以具体艺术表现力的摄影、造型写实的绘画或漫画形式表现为主，给消费者留下真实感人的画面和富有幽默情趣的感受。

而非商业海报，内容广泛、形式多样，艺术表现力丰富。特别是文化艺术类的海报，根据广告主题可以充分发挥想象力，尽情施展艺术手段。许多追求形式美的画家都积极投身到海报的设计中，并且在设计中添加自己的绘画语言，设计出风格各异、形式多样的招贴画。

9.5 宣传海报及画册的构成要素

宣传海报与画册的设计必须有相当的视觉艺术感染力和主题号召力，通过运用图像、文字、色彩、修饰、版式等因素，形成强烈的视觉效果。设计时不必太烦琐，简洁明了的设计是最便于大家记住的，效果主题不明确或者是过于简单，都会使人不知所云，失去继续看下去的兴趣。

1. 图像

图像是海报和画册的主要构成要素，它能够形

象的表现广告主题。创意图像是吸引受众目光的重点，它可以是手绘插画、图像合成、摄影作品等，表现技法上有写实、超现实、卡通漫画、装饰等手法。在设计上需紧紧环绕广告主题，凸显商品信息，以达到宣传的功效，如图9-7所示。

图9-7

2. 文字

文字在海报和画册中占有举足轻重的角色，和图像比较起来文字信息的传达更加直接。现代设计中，许多设计师用心于文字的改进、创造、运用，他们依靠有感染力的字体及文字编排方式，创造出一个又一个的视觉惊喜，在这些海报广告的效果中，我们看到文字有大小对比、字体对比、颜色对比、虚实对比等，通过多样的文字效果一样可以构建出多层次多角度的视觉效果，如图9-8所示。

图9-8

3. 配色

图像配色可以按照不同的颜色调和进行相配，同种色具有相同色相，不同明度和纯度的色彩调和，保持色相值不变，在明度、纯度的变化上，形成强弱、高低的对比，以弥补同色调和的单调感；类似色以色相接近的某类色彩，如红与橙、蓝与紫等的调和，称为类似色的调和，类似色的调和主要靠类似色之间的共同色来产生作用，色环保持在60度以内；对比色之间具有类似色的关系，也可起到调和的作用。色环120°~180°的颜色，具体的颜色搭配可以参考如图9-9所示的色环。

图像和文字都脱离不了色彩的表现，色彩有先声夺人的功能，海报与画册的配色要切合主题、简

洁明快、新颖有力，对比度、感知度的把握是个关键，如图9-10所示。

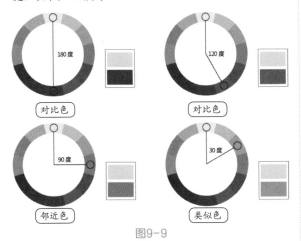

图9-9

图9-10

4. 修饰

海报与画册中的图像或文字，如果是单纯地进行摆放，效果虽然出来了，但是有时总是感觉好像缺点什么，这时就可以通过简单修饰点缀来提升整体的视觉感染力，修饰可以是线条、可以是图形、可以是背景中半透明的效果等，如图9-11所示。

图9-11

5. 版式

一个想要吸引浏览者目光的海报或画册版式，是需要有自己独特版式编排的，传统概念下的版式是不具备如此魄力的，当今好的版式设计都是比较自由的，自由版式是对排版秩序结构的支解，不是用清晰的思路与规律去把握设计，没有传统版式的

严谨对称，没有栏的条块分割，没有标准化，在对点、线、面等元素的组织中强调个性发挥的表现力，追求版面多元化，如图9-12所示

图9-12

9.6 宣传画册的内容与形式

在现代商务活动中，画册在企业形象的推广和产品营销中的作用越来越重要，宣传画册可以展示企业的文化、传达理念、提升企业的品牌形象，宣传画册起着沟通桥梁的作用。

宣传画册是企业使用频率非常高的印刷品之一，画册内容包括公司宣传、商场介绍、文艺演出、产品说明、美术展览内容介绍、企业的产品宣传广告样本、年度报告、交通及旅游指南等，宣传画册易邮寄、归档、携带方便，有折叠（对折、三折、四折等）、装订、带插袋等形式，大小常为32开、24开、16开。当然，在宣传画册的设计过程中，也可以根据信息容量、客户需求、设计创意等具体情况自订尺寸，如图9-13所示。

图9-13

9.7 宣传画册的版式类型

在画册版式设计中，版式的类型可分为骨骼型、满版型、上下分割型、左右分割型、中轴型、

曲线型、倾斜型、对称型、重心型、三角型、并置型、自由型和四角型13种，简单介绍如下。

1. 骨骼型

骨骼型版式是规范的、理性的分割方法。常见的骨骼有竖向通栏、双栏、三栏和四栏等。一般以竖向分栏为多。图片和文字的编排上，严格按照骨骼比例进行编排配置，给人以严谨、和谐和理性的美。骨骼经过相互混合后的版式，既理性有条理，又活泼而具有弹性。

2. 满版型

版面以图像充满整版，主要以图像为诉求，视觉传达直观而强烈。文字配置压置在上下、左右或中部（边部和中心）的图像上。满版型，给人大方和舒展的感觉，是商品广告常用的形式。

3. 上下分割型

整个版面分成上下两部分，在上半部或下半部配置图片（可以是单幅或多幅），另一部分则配置文字。图片部分感性而有活力，而文字部分则理性而静止。

4. 左右分割型

整个版面分割为左右两部分，分别配置文字和图片。左右两部分形成强弱对比时，造成视觉心理的不平衡。这仅仅是视觉习惯（左右对称）上的问题，不如上下分割型的视觉流畅自然。如果将分割线虚化处理，或用文字左右重复穿插，左右图与文字会变得自然和谐。

5. 中轴型

将图形作水平方向或垂直方向排列，文字配置在上下或左右。水平排列的版面，给人稳定、安静、平和与含蓄之感。垂直排列的版面，给人强烈的动感。

6. 曲线型

图片和文字排列成曲线，产生韵律与节奏的感觉。

7. 倾斜型

版面主体形象或多幅图像作倾斜编排，造成版面强烈的动感和不稳定因素，引人注目。

8. 对称型

对称的版式，给人稳定和理性的感受。对称分为绝对对称和相对对称。一般多采用相对对称手法，以避免过于严谨。对称一般以左右对称居多。

9. 重心型

重心型版式产生视觉焦点，使其更加突出。向心是视觉元素向版面中心聚拢的运动。离心是犹如石子投入水中，产生一圈一圈向外扩散的弧线的运动。

10. 三角形

在圆形、矩形或三角形等基本图形中，正三角形（金字塔形）最具有安全稳定因素。

11. 并置型

将相同或不同的图片作大小相同而位置不同的重复排列。并置型构成的版面有比较和解说的意味，给予原本复杂喧闹的版面以秩序、安静、调和与节奏感。

12. 自由型

无规律的、随意的编排构成，有活泼和轻快的感觉。

13. 四角型

在版面四角以及连接四角的对角线结构上编排图形，给人严谨和规范的感觉。

★★★★ 9.8 宣传画册的分类

一本精美的画册是对企业形象宣传的最有效工具之一，可以提升品牌价值，打造企业影响力的媒介。企业宣传画册在分类中可以分为展示型、宣传解决型和思想型3种类型，简单介绍如下。

1. 展示型

展示型宣传画册和折页主要用来展示企业的优势，非常注重企业的整体形象，画册的使用周期一般为一年。

2. 宣传解决型

宣传解决型宣传画册主要用来解决企业的营销问题和品牌知名度等，适合于发展快速、新上市、需转型或出现转折期的企业，比较注重企业的产品和品牌理念，画册的使用周期较短。

3. 思想型

思想型宣传画册一般出现在领导型企业，比较注重的是企业思想的传达，使用周期为一年。

中文版Photoshop+InDesign商业案例项目设计完全解析

商业案例——旅游画册版式设计

9.9.1 旅游画册的设计思路

在制作本旅游画册时，总体的思路就是将旅游进行详细的划分，分别细致的制作了景色游、美食游和文化游，使本画册在制作之初就按照旅游的详细内容进行了规划，在每个跨页中显示其中的一项旅游内容，在对美食游和文化游进行制作时，其中的文字使用了书法样式较浓字体，让本页的内容在文字上就突出一种中国特有的文化气息。

9.9.2 配色分析

设计时要根据旅游的特点，合理的运用各个色彩元素，重点突出夏季旅游的气息，所以在配色上主要以青色作为画册的主色调，青色属于冷色调，会在画面上给浏览者一种凉爽的感觉。

本案例中的主色是青色，配色根据案例的特点都被结合到了文字上面，文字颜色以黑色、白色、青色作为使用色彩，和背景的主色对比够将文字更加清晰地展现出来，如图9-14所示。

C:100 M:0 Y:0 K:0 R:0 G:168 B:236 #00a8ec	C:0 M:0 Y:0 K:100 R:51 G:44 B:43 #332C2B	C:0 M:0 Y:0 K:0 R:255 G:255 B:255 #FFFFFF

图9-14

9.9.3 画册的构图布局

布局构图是设计画册非常重要的一项内容，好的布局结构可以在视觉中产生美感。本案例是按照传统的从左向右的构图方法，正好也是符合人们看图时的一个习惯，根据展现的内容，有的在右侧放置图像、在左侧放置文字；有的在左侧放置图像、在右侧放置文字，如图9-15所示。

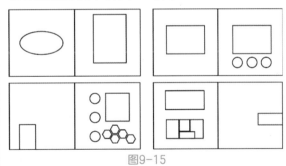

图9-15

9.9.4 使用Photoshop制作画册上的图像

■ 制作流程

本案例主要使用移入素材添加图层蒙版后，分别使用▣（渐变工具）和✍（画笔工具）对蒙版进行编辑，设置"画笔"面板调整画笔，再绘制掉土的效果，具体流程如图9-16所示。

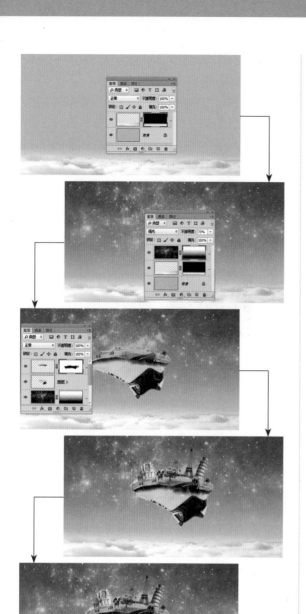

图9-16

■ 技术要点

> 新建文档填充颜色；

> 打开素材将其拖曳到新建文档中；

> 为图层添加"图层蒙版"；

> 使用"渐变工具"编辑蒙版；

> 使用"画笔工具"编辑蒙版；

> 应用"操控变形"调整图像形状；

> 设置图层混合模式和"不透明度"；

> 创建"亮度/对比度"调整图层；

> 创建剪贴蒙版。

■ 操作步骤

01 启动Photoshop CC软件，新建一个合适大小的空白文档，为其填充青色，如图9-17所示。

图9-17

02 打开附带的"云层.jpg"素材文件，使用 ▶️（移动工具）将"云层"素材图像拖曳到新建文档中，单击 ▣（添加图层蒙版）按钮为其添加图层蒙版，使用 ▥（渐变工具）填充从黑色到白色的线性渐变，以此来编辑图层蒙版，如图9-18所示。

图9-18

03 打开附带的"星空.jpg"素材文件，使用 ▶️（移动工具）将"星空"素材图像拖曳到新建文档中，单击 ▣（添加图层蒙版）按钮为其添加图层蒙版，使用 ▥（渐变工具）填充从白色到黑色的线性渐变，设置图层混合模式为"强光"、"不透明度"为73%，效果如图9-19所示。

中文版Photoshop+InDesign商业案例项目设计完全解析

图9-19

04 打开附带的"运动鞋.png"和"陆地.png"素材文件，使用 ▶️（移动工具）分别将"运动鞋"和"陆地"素材图像拖曳到新建文档中，将"运动鞋"素材图像进行垂直翻转，再将"陆地"素材图像移到"运动鞋"的上层，如图9-20所示。

图9-20

05 选中"陆地"所在的图层，执行菜单"编辑|操控变形"命令，添加控制点并调整形状，如图9-21所示。

图9-21

06 按Enter键完成变换。单击"图层"面板底部的 ▣（添加图层蒙版）按钮，为其添加图层蒙版，使用黑色画笔对蒙版进行编辑，效果如图9-22所示。

图9-22

07 置入"著名景点.png"素材文件，使用操控变形调整形状，单击 ▣（添加图层蒙版）按钮，为其添加图层蒙版，使用黑色画笔对蒙版进行编辑，再置入"长颈鹿.png"、"大象.png"和"大树.png"素材文件，效果如图9-23所示。

图9-23

08 将"前景色"设置为黑色，分别在"长颈鹿"、"大象"下层新建一个图层，使用 ✏️（画笔工具）绘制"硬度"为0、"不透明度"为46%的阴影，效果如图9-24所示。

图9-24

09 选择 ✏️（画笔工具）后，按F5键打开"画笔"面板，其中的参数值设置如图9-25所示。

10 新建一个图层，使用 ✏️（画笔工具）绘制黑色画笔，效果如图9-26所示。

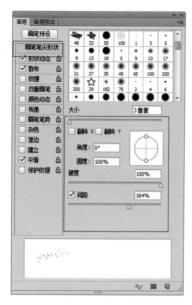

图9-25

图9-26

⑪ 打开"石头地面.jpg"素材文件，将其中的图像移入到新建文档中，执行菜单"图层|创建剪贴蒙版"命令，效果如图9-27所示。

图9-27

⑫ 单击 按钮（创建新的填充或调整图层）按钮，在弹出的下拉菜单中选择"亮度/对比度"命令，在打开的"属性"面板中设置"亮度/对比度"的参数值，效果如图9-28所示。

图9-28

⑬ 调整完成后，本案例制作完成，效果如图9-29所示。

图9-29

9.9.5 使用InDesign制作旅游画册

■ 制作流程

本案例主要利用绘制图形置入素材，调整素材大小和位置，在调整图形"不透明度"，输入文字设置文字样式，具体流程如图 9-30所示。

图9-30

- 技术要点
    - ➢ 绘制矩形；
    - ➢ 调整"不透明度"；
    - ➢ 置入素材；
    - ➢ 使用"剪刀工具"裁剪矩形；
    - ➢ 设置填充和描边。
- 操作步骤：

第2-3跨页制作

01 启动InDesign CC软件，新建一个空白文档，设置"页数"为9、"宽度"为210毫米、"高度"为185毫米、"出血"为3毫米，单击"边距和分栏"按钮，在弹出的"新建边距和分栏"对话框中，设置"边距"为0，设置完成后，单击"确定"按钮，新建文档如图9-31所示。

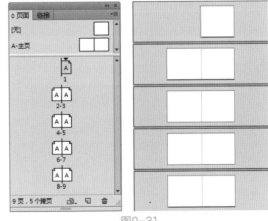

图9-31

02 在"页面"面板中选择第2、3页面，执行菜单"文件|置入"命令，置入一张附带的风景图片，使用 ▦（自由变换工具）调整其在页面中的位置和大小，如图9-32所示。

图9-32

中文版Photoshop+InDesign商业案例项目设计完全解析

03 使用 ▣（矩形工具）在第2页面上按照出血线
绘制一个青色矩形，效果如图9-33所示。

图9-33

04 使用 ▣（矩形工具）在青色矩形上绘制一个
白色矩形，设置"填充"为"无"、"描边颜
色"为白色、"粗细"为3点，效果如图9-34
所示。

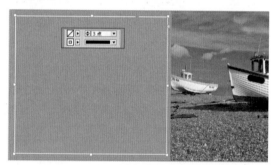

图9-34

05 设置角为"花式"，效果如图9-35所示。

图9-35

06 使用 ╱（直线工具）在矩形边缘上绘制"粗
细"为2点的白色直线，设置"不透明度"为
46%，效果如图9-36所示。

图9-36

07 使用 ◯（椭圆工具）绘制一个椭圆形，执行菜
单"文件|置入"命令，置入使用Photoshop制作
的图像效果，使用 ▶（直接选择工具）调整椭
圆框架内图像的大小，效果如图9-37所示。

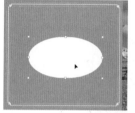 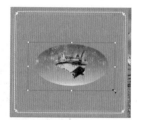

图9-37

08 执行菜单"文件|置入"命令，置入附带的
"花效.psd"素材文件，使用 ▦（自由变换工
具）调整大小和位置后，设置"不透明度"
为66%，复制一个副本，将其移动到椭圆的右
侧，单击属性栏中的 ▧（水平翻转）按钮，将
副本进行水平翻转，效果如图9-38所示。

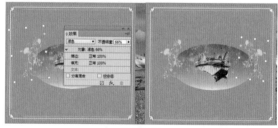

图9-38

09 再复制"花效"素材文件，移动位置并调整大
小，按照位置分别单击 ▧（水平翻转）按钮和
▨（垂直翻转），此时第2页面制作完成，效果
如图9-39所示。

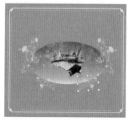 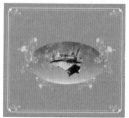

图9-39

10 使用■（矩形工具）在第3页面上绘制一个白色矩形，设置"不透明度"为60%，效果如图9-40所示。

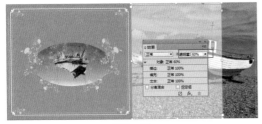

图9-40

11 执行菜单"对象|效果|投影"命令，打开"效果"对话框，在其中设置"投影"效果的各项参数值如图9-41所示。

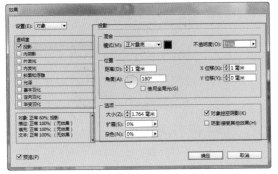

图9-41

12 设置完成后，单击"确定"按钮，效果如图9-42所示。

图9-42

13 使用■（文字工具）在白色矩形上输入青色文字，在"字符"面板中设置"字体"为"方正黑体简体"、"大小"为18点、"行距"为24点，效果如图9-43所示。

图9-43

14 使用■（文字工具）拖曳出一个文本框，在其中输入文字并设置文字为左对齐后，在"字符"面板中设置"字体"为"方正细黑一简体"、"大小"为9点、"行距"为18点，效果如图9-44所示。

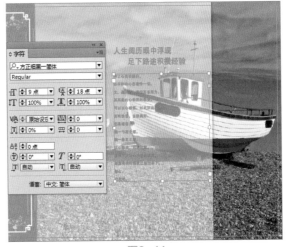

图9-44

15 至此，第2、3页面制作完成，效果如图9-45所示。

图9-45

第4-5跨页制作

01 在"页面"面板中选择第4、5页面，使用■（矩形工具）按照出血线绘制一个横跨两个页面的青色矩形，如图9-46所示。

图9-46

02 使用■（矩形工具）在青色矩形上绘制一个白色矩形，设置"不透明度"为45%，如图9-47所示。

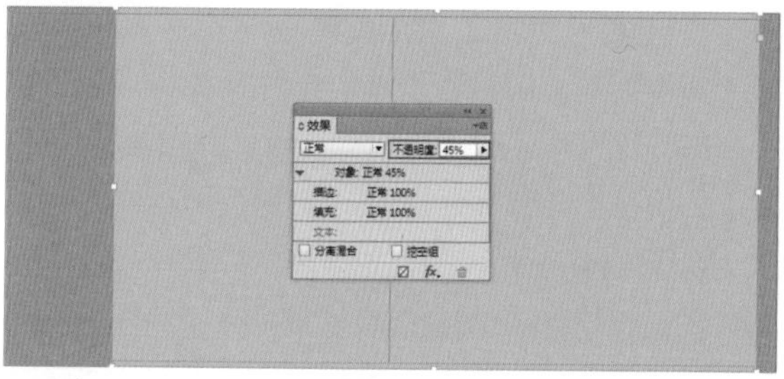

图9-47

03 选择半透明矩形按Ctrl+C组合键复制，执行菜单“编辑|原位粘贴”命令，复制一个副本，执行菜单中“文件|置入”命令，置入附带的“底图.jpg”素材文件，使用（直接选择工具）调整地图在矩形框架内的大小，使用（选择工具）选择地图设置“不透明度”为40%，效果如图9-48所示。

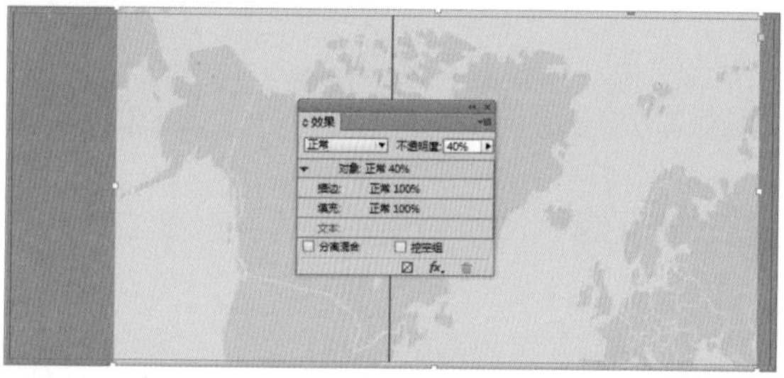

图9-48

04 使用（矩形工具）在第4页面绘制一个矩形，设置“填充”为“无”、“描边颜色”为青色、“粗细”为3点，执行菜单“文件|置入”命令，置入附带的一张风景图素材，使用（直接选择工具）调整大小，效果如图9-49所示。

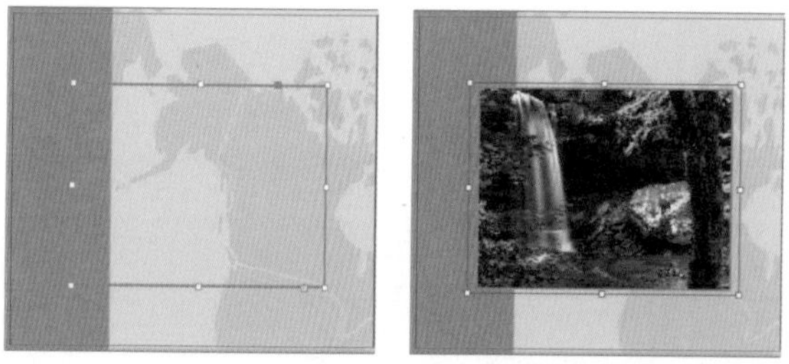

图9-49

05 使用（文字工具）输入文字，设置文字颜色为青色、“描边颜色”为白色、“粗细”为3点，再在“字符”面板中，设置“字体”为“方正黑体简体”、“大小”为30点、“行距”为36点，效果如图9-50所示。

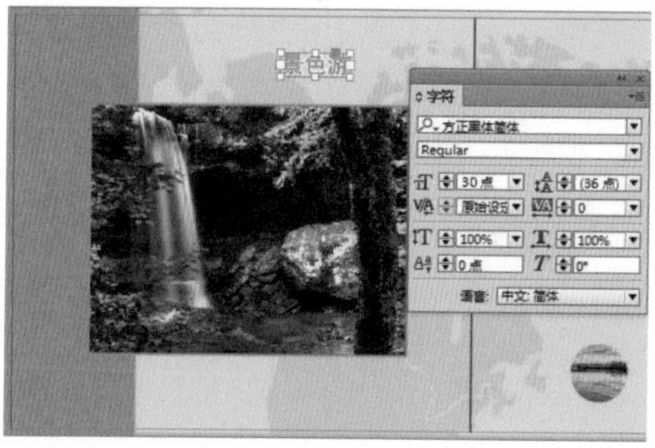

图9-50

06 使用（矩形工具）在文字上绘制一个矩形，设置“填充”为“无”、“描边颜色”为青色、“粗细”为2点，效果如图9-51所示。

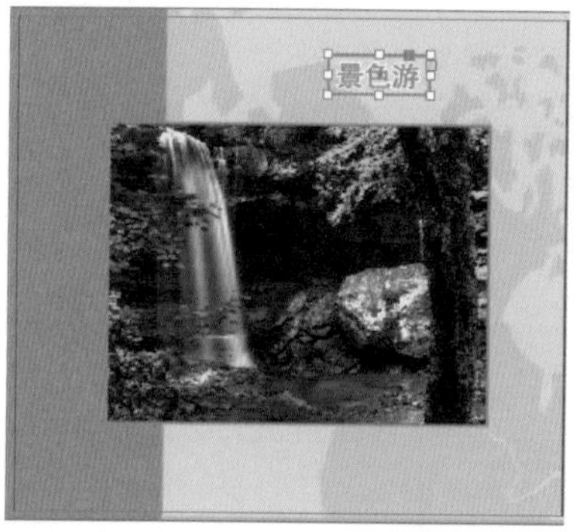

图9-51

07 使用（剪刀工具）在矩形框上单击一点后移动到另一点单击，将矩形进行裁割，然后删除裁割区域，效果如图9-52所示。

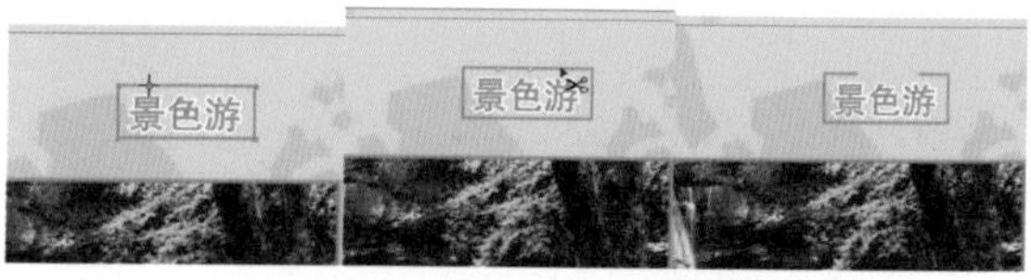

图9-52

08 使用同样的方法将矩形底部也进行裁割，此时第4页面制作完成，效果如图9-53所示。

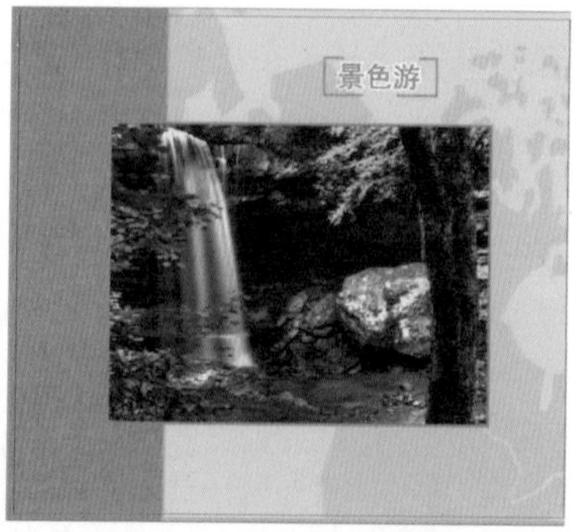

图9-53

09 使用（文字工具）输入文字为文字设置白色描边，效果如图9-54所示。

图9-54

10 使用 T.（文字工具）拖曳出文本框，在文本框中输入黑色文字，左边文本框设置右对齐，右边文本框设置左对齐，在"字符"面板中设置"字体"为"方正细黑一简体"、"大小"为8点、"行距"为18点，效果如图9-55所示。

图9-55

11 使用与制作第4页面文字边框同样的方法，为段落文本制作一个青色框架角（可以参考步骤7）。使用 ◯（椭圆工具）绘制正圆形，置入附带的风景图像，使用 ▶（直接选择工具）调整图像大小，效果如图9-56所示。

图9-56

12 复制两个正圆形素材，在"链接"面板中重新更改链接素材。至此，第4、5页面制作完成，效果如图9-57所示。

图9-57

第6-7跨页制作

01 在"页面"面板中选择第6、7页面，使用 ▦（矩形工具）按照出血线绘制一个横跨两个页面的青色矩形，执行菜单"文件|置入"命令，置入附带的"美食.jpg"素材文件，调整大小和位置，如图9-58所示。

图9-58

02 使用 ▦（矩形工具）在第7页面上绘制一个白色矩形，设置"不透明度"为46%，如图9-59所示。

图9-59

03 使用 ◯（椭圆工具）在第7页面上绘制一个正圆形，设置"填充"为"无"、"描边颜色"为青色、"粗细"为2点，执行菜单"文件|置入"命令，置入附带的美食图素材文件，使用 ▶（直接选择工具）调整大小，如图9-60所示。

图9-60

04 复制两个正圆形素材，在"链接"面板中重新更改链接素材，如图9-61所示。

图9-61

05 选择第4页面中的文字"景色游"和裁割后的
边框，按住Alt键将其拖曳到第7页面中，复制
一个副本，将文字改为"美食游"，效果如
图9-62所示。

图9-62

06 使用 T （文字工具）拖曳出文本框，在文本框
中输入黑色文字，在文本框中设置文本为居中
对齐，在"字符"面板中设置"字体"为"方
正细黑一简体"、"大小"为8点、"行距"为
18点，效果如图9-63所示。

图9-63

07 使用 ○ （多边形工具）在页面中绘制一个六边
形，然后复制4个六边形副本，再将其进行位置
的调整，如图9-64所示。

图9-64

08 将5个六边形一同选取，执行菜单"窗口|对象
和版面|路径查找器"命令，在打开的"路径查
找器"面板中单击 （相加）按钮，将其合并
为一个对象，如图9-65所示。

图9-65

09 选择合并后的对象，执行菜单"文件|置入"命
令，置入附带的美食图素材文件，使用 （直
接选择工具）调整素材大小，如图9-66所示。

图9-66

10 在"效果"面板中设置"不透明度"为49%，
效果如图9-67所示。

图9-67

11 使用 □ （矩形工具）在第6页面上绘制一个白
色矩形，在"效果"面板中设置"不透明度"
为46%，效果如图9-68所示。

图9-68

12 使用T（文字工具）在矩形上输入毛笔手写文字，效果如图9-69所示。

图9-69

13 选择输入的文字，执行菜单"文字|创建轮廓"命令，将文字变为图形，效果如图9-70所示。

图9-70

14 选择"吃"字文字图形后，执行菜单"文件|置入"命令，置入附带的美食图素材文件，使用▶（直接选择工具）调整素材大小，效果如图9-71所示。

图9-71

15 使用同样的方法，将下面的文字图形也置入素材。至此，第6、7页面制作完成，效果如图9-72所示。

图9-72

第8-9跨页制作

01 在"页面"面板中选择第6、7页面，使用▣（矩形工具）按照出血线绘制一个横跨两个页面的青色矩形，执行菜单"文件|置入"命令，置入附带的"60.bmp"素材文件，调整大小和位置，如图9-73所示。

图9-73

02 使用▣（矩形工具）在第7页面上绘制一个白色矩形，在"效果"面板中设置"不透明度"为46%，如图9-74所示。

图9-74

03 选择第7页面中的文字"美食游"和裁割后的边框，按住Alt键将其拖曳到第8页面中，复制一个副本，将文字改为"文化游"，如图9-75所示。

图9-75

04 使用T（文字工具）拖曳出文本框，在文本框中输入黑色文字，在文本框中设置文本为居中对齐，在"字符"面板中设置"字体"为"方正细黑一简体"、"大小"为8点、"行距"为18点，效果如图9-76所示。

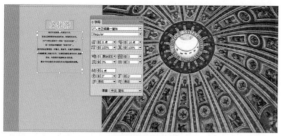

图9-76

05 使用 □（矩形工具）在页面中绘制4个矩形，将中间的两个矩形填充为青色和橘色，效果如图9-77所示。

图9-77

06 选择左边的矩形，执行菜单"文件|置入"命令，置入附带的"文化01.jpg"素材文件，使用 ▶（直接选择工具）调整素材的大小和位置，效果如图9-78所示。

图9-78

07 选择右边的矩形，执行菜单"文件|置入"命令，置入附带的"文化02.jpg"素材文件，使用 ▶（直接选择工具）调整素材的大小和位置，效果如图9-79所示。

图9-79

08 使用 ╱（直线工具）在图像上绘制"粗细"为2点的白色直线，以此来进行图像之间的一个分割，效果如图9-80所示。

图9-80

09 使用 T（文字工具）分别在青色矩形上和橘色矩形上输入文字，效果如图9-81所示。

图9-81

10 使用 □（矩形工具）在第6页面上绘制一个白色矩形，在"效果"面板中设置"不透明度"为46%，效果如图9-82所示。

图9-82

11 使用 T（文字工具）在矩形上输入毛笔手写文字。至此，第8、9页面制作完成，效果如图9-83所示。

图9-83

图9-83（续）

9.10 商业案例——菜谱宣传单版式设计

9.10.1 菜谱宣传单的设计思路

在制作菜谱时，首先要考虑的是此酒店经营的是何菜系，对于不同的菜系运用与之对应的色调，可以让酒店在菜单上给人以高端大气的感觉。

本菜单针对的是川菜，在整体的设计思路上都是按照偶数页为主菜推介，奇数页为本页面中对应的几个拿手菜，从图像中不难看出第一视觉点是左侧的菜品照片，看着非常的诱人。第二视觉点是右上角的菜品，往下看就是以文字的形式进行设计布局的内容。

9.10.2 配色分析

设计时要根据菜谱的特点以黑色作为主色，加上白色文字进行辅助配色。黑色的背景给人的感觉就是高端、大气，还有神秘、阴郁、不安的感觉。文字与背景正好是非常鲜明的对比色，这样可以让文本内容更加清晰，如图9-84所示。

C:0 M:0 Y:0 K:100 R:51 G:44 B:43 #332C2B	C:0 M:0 Y:0 K:0 R:255 G:255 B:255 #FFFFFF

图9-84

9.10.3 菜谱的构图布局

本菜谱的构图是以跨页的方式进行单页细致的设计布局，每个页面都是按照传统的从上向下的方式进行排版，这一点也是符合菜单设计概念的，如果将菜单版式设计得非常奇特，那么在客人点菜时就会觉得不方便，这样就会间接地对酒店产生不好的影响，如图9-85所示。

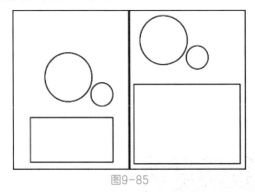

图9-85

9.10.4 使用Photoshop制作菜单背景

■ 制作流程

本案例主要利用复制图层后应用"便条纸"滤镜，设置图层混合模式和"不透明度"；绘制白色椭圆应用"高斯模糊"滤镜；新建图层应用"云彩"滤镜，设置图层混合模式和"不透明度"，具体流程如图 9-86所示。

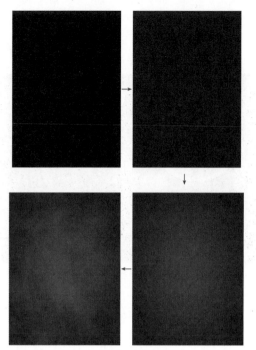

図9-86

■ 技术要点

> 新建文档填充黑色；

> 复制图层应用"便条纸"滤镜；

> 设置图层混合模式和"不透明度"；

> 绘制白色椭圆应用"高斯模糊"滤镜；

> 新建图层应用"云彩"滤镜。

■ 操作步骤

01 启动Photoshop CC软件，新建一个210mm×285mm的空白文档，将背景填充为黑色，如图9-87所示。

02 按组合Ctrl+J组合键，复制"背景"图层，得到一个"图层1"图层，如图9-88所示。

图9-87

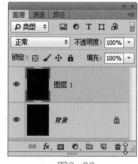

图9-88

03 执行菜单"滤镜|素描|便条纸"命令，打开"便条纸"对话框，其中的参数值设置如图9-89所示。

图9-89

04 设置完成后，单击"确定"按钮。在"图层"面板中设置图层混合模式为"明度"、"不透明度"为16%，效果如图9-90所示。

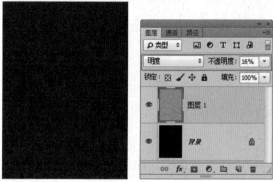

图9-90

05 新建一个图层，使用 ○（椭圆工具）绘制一个白色椭圆形，效果如图9-91所示。

图9-91

06 执行菜单"滤镜|模糊|高斯模糊"命令，打开"高斯模糊"对话框，设置"半径"为183.2像素，如图9-92所示。

07 设置完成后，单击"确定"按钮。在"图层"面板中设置"不透明度"为30%，效果如图9-93所示。

图9-92

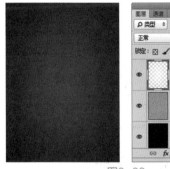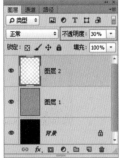

图9-93

08 新建一个图层，执行菜单"滤镜|渲染|云彩"命令，得到一个云彩滤镜效果，设置图层混合模式为"柔光"、"不透明度"为30%。至此，背景制作完成，效果如图9-94所示。

图9-95

■ 技术要点

> 打开素材；

> 使用"快速选择工具"创建选区；

> 使用"收缩"命令收缩选区；

> 剪切选区内的图层；

> 使用"背景橡皮擦工具"去掉背景；

> 使用"裁切"命令裁剪图像。

■ 操作步骤

图9-94

9.10.5 使用Photoshop 抠图

■ 制作流程

本案例主要利用 ✐.（快速选择工具）为图像创建选区，利用 ✐.（魔术橡皮擦工具）去掉背景，通过"裁切"命令将图像进行抠图，具体流程如图 9-95所示。

01 打开附带的"夫妻肺片.jpg"素材文件，如图9-96所示。

图9-96

02 使用 ✐.（快速选择工具）在素材图像上按下鼠标左键拖曳，为其创建选区，如图9-97所示。

图9-97

03 执行菜单"选择|修改|收缩"命令,打开"收缩选区"对话框,设置"收缩量"为1像素,效果如图9-98所示。

图9-98

04 设置完成后,单击"确定"按钮,按Ctrl+X组合键剪切,按Shift+Ctrl+V组合键原位粘贴,如图9-99所示。

05 删除"背景"图层,执行菜单"图像|裁切"命令,打开"裁切"对话框,其中的参数值设置如图9-100所示。

图9-99

图9-100

06 设置完成后,单击"确定"按钮。将图像进行裁切,此时抠图完成,如图9-101所示。将其存储以备后用。

图9-101

07 使用同样的方法为"香辣虾"抠图,如图9-102所示。

图9-102

08 打开附带的"米饭.jpg"素材文件,使用 （魔术橡皮擦工具）在背景上单击,为其去掉背景,如图9-103所示。

图9-103

09 执行菜单"图像|裁切"命令,将图像裁切,效果如图9-104所示。

图9-104

9.10.6 使用InDesign制作菜单

■ 制作流程

本案例主要利用置入素材，调整素材大小和位置，为素材添加"投影"效果，在根据图像输入文字设置字体和大小，具体流程如图9-105所示。

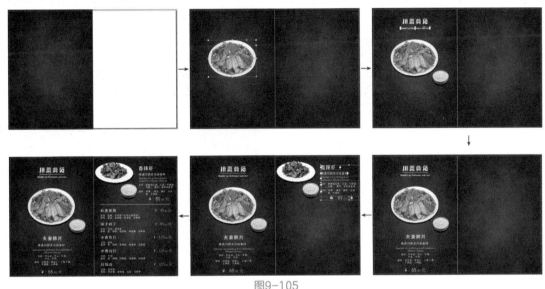

图9-105

■ 技术要点

> 置入素材；
> 添加"投影"效果；
> 输入文字；
> 设置文字大小和文字字体；
> 绘制直线。

■ 操作步骤

01 启动InDesign CC软件，新建一个空白文档，设置"页数"为3、"宽度"为210毫米、"高度"为285毫米、"出血"为3毫米，单击"边距和分栏"按钮，在弹出的"新建边距和分栏"对话框中，设置"边距"为0，设置完成后，单击"确定"按钮，新建文档如图9-106所示。

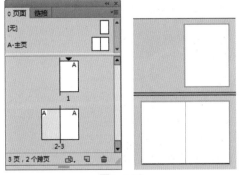

图9-106

02 在"页面"面板中选择第2、3页面，执行菜单"文件|置入"命令，置入使用Photoshop制作的菜单背景，使用 ⬚（选择工具）按照出血线调整位置和大小，如图9-107所示。

图9-107

03 按住Alt键拖曳第2页面中的背景到第3页面，得到一个副本，效果如图9-108所示。

图9-108

04 置入刚才使用Photoshop抠图的"夫妻肺片"素材，使用 ⬚（自由变换工具）调整大小和位置，效果如图9-109所示。

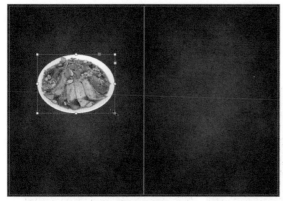

图9-109

05 执行菜单"对象|效果|投影"命令，打开"效果"对话框，在其中设置"投影"的参数值如图9-110所示。

图9-110

06 设置完成后，单击"确定"按钮，效果如图9-111所示。

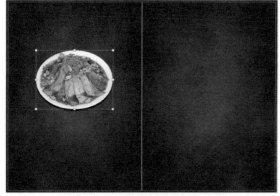

图9-111

07 置入使用Photoshop抠图的"米饭"素材，调整大小和位置，效果如图9-112所示。

08 选择"米饭"素材后，使用 ✎（吸管工具）在"夫妻肺片"素材的阴影上单击，为"米饭"素材复制阴影，效果如图9-113所示。

图9-112

图9-113

09 使用 T（文字工具）在"夫妻肺片"素材的上方输入文字，设置字体和文字大小，效果如图9-114所示。

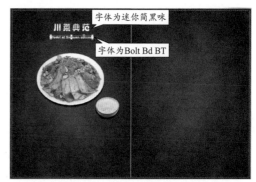

字体为迷你简黑咪

字体为Bolt Bd BT

图9-114

10 使用 ✐（直线工具）在两行文字中间绘制"粗细"为3点的白色直线，效果如图9-115所示。

图9-115

11 使用 T （文字工具）在"夫妻肺片"和"米饭"素材的下方输入文字，将文字字体设置为"微软雅黑"、设置"居中对齐"，效果如图9-116所示。

图9-116

12 置入使用Photoshop抠图的"香辣虾"素材，将其放置到第3页面中并调整大小和位置，效果如图9-117所示。

图9-117

13 使用 ✐ （吸管工具）在"夫妻肺片"素材的阴影上单击，为"香辣虾"素材复制阴影，效果如图9-118所示。

图9-118

14 选择"米饭"素材后，按住Alt键的同时将其拖曳到"香辣虾"素材的右下角处，复制一个副本，效果如图9-119所示。

图9-119

15 使用 T （文字工具）在"香辣虾"和"米饭"素材的右侧输入文字，将文字字体设置为"微软雅黑"、设置"左对齐"，效果如图9-120所示。

图9-120

16 使用 ╱ （直线工具）在文字下方绘制"粗细"为3点的白色直线，效果如图9-121所示。

图9-121

17 使用 T （文字工具）输入文字，将文字字体设置为"微软雅黑"。至此，本案例制作完成，效果如图9-122所示。

图9-122

★★★★
9.11 优秀作品欣赏

本章重点：
- ➢ 包装设计的概述与应用
- ➢ 包装的分类
- ➢ 包装设计的版面构成
- ➢ 包装设计的作用及尺寸
- ➢ 包装设计的基本流程
- ➢ 商业案例——小零食包装设计
- ➢ 商业案例——茶叶包装设计
- ➢ 优秀作品欣赏

本章主要从分类、构成要点等方面着手，介绍包装设计的概述与应用，并通过相应的包装设计案例，引导读者理解包装设计的应用以及制作方法，使读者能够快速地掌握包装设计特点与应用形式。

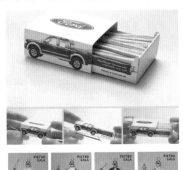

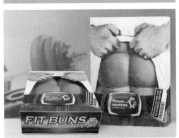

10.1 包装设计的概述与应用

包装是产品由生产转入市场流通的一个重要环节。包装设计是包装的灵魂，是包装成功与否的重要因素。激烈的市场竞争不但推动了产品与消费的发展，同时不可避免地推动了企业战略的更新，其中包装设计也被放在市场竞争的重要位置上。这就是20多年的包装设计中表现手法和形式越来越具有开拓性和目标性的基本原因。

包装设计包含了设计领域中的平面构成、立体构成、文字构成、色彩构成及插图、摄影等，是一门综合性很强的设计专业学科。包装设计又是和市场流通结合最紧密的设计，设计的成败完全有赖于市场的检验。所以，市场学、消费心理学始终贯穿在包装设计中。

包装是为了商品在流通过程中保护产品、方便储运、促进销售而按一定技术方法采取的容器，并在此过程中施加一定的技术方法等的操作活动，如图10-1所示。

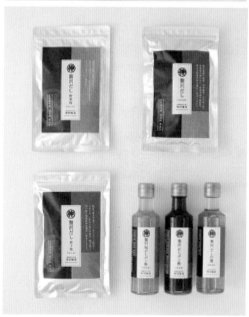

图10-1

商品种类繁多，形态各异、五花八门，其功能作用、外观内容也各有千秋。所谓内容决定形式，包装也不例外。所以，为了区别商品与设计上的方便，可以对包装进行分类，如包装盒设计、手提袋设计、食品包装设计、饮料包装设计、礼盒包装设计、化妆品瓶体设计、洗涤用品包装设计、香烟包装设计、酒类包装设计、药品包装设计、保健品包装设计、软件包装设计、CD包装设计、电子产品包装设计、日化产品包装设计、进出口商品包装设计等，如图10-2所示。

图10-2

★★★★
10.3 **包装设计的版面构成**

包装的主展面是最关键的位置，往往给人深刻印象，其版面通常安排消费者最为关注的内容，如品牌、标志、企业、商品图片等，设计中可以创意无限，但一定要注意具体内容与表现形式的完美结合，另外主面不是孤立的，它需要与其他各面形成文字、色彩、图形的连贯、配合、呼应，才能达到理想的视觉效果。

中文版Photoshop+InDesign商业案例项目设计完全解析

1. 造型统一

设计同一系列或同一品牌的商品包装，在图案、文字、造型上必须给人以大致统一的印象，以增加产品的品牌感、整体感和系列感，当然也可以采用某些色彩变化来展现内容物的不同性质来吸引相应的顾客，如图10-3所示。

图10-3

2. 外形新颖

包装的外形设计必须根据其内容物的形状和大小、商品文化层次、价格档次和消费者对象等多方面因素进行综合考虑，并做到外包装和内容物品设计形式的统一，力求符合不同层次顾客的购买心理，使他们容易产生商品的认同感。如高档次、高消费的商品要尽量设计得造型独特、品位高雅，大众化的、廉价的商品则应该设计得符合时尚潮流和能够迎合普通大众的消费心理，如图10-4所示。

图10-4

3. 色彩的搭配

色彩在包装版面中虽不如文字、图片信息重要，但却是视觉感受中最活跃的成分，是表现版面个性化、情感影响力的重要因素。

包装版面中为了直白说明内容物，拉近与消费者的距离，有使用实物摄影写真色彩表现，也有侧重于色块、线条的组合，强调形式感，色彩表现抽象、概括、写意，如图10-5所示。

图10-5

4. 文字的设计

文字是包装必不可少的要素，编排中要依据具体内容的不同，选择字体大小、摆放位置、组织形式，把握好主次关系，如图10-6所示。

图10-6

5. 材料环保

在设计包装时应该从环保的角度出发，尽量采用可以自然分解的材料，或通过减少包装耗材来降低废弃物的数量，还可以从提高包装设计的精美和实用角度出发，使包装设计向着可被消费者作为日常生活器具加以二次利用的方向发展，如图10-7所示。

图10-7

6. 编排构成

必须将上述造型、外形、色彩、文字、材料等包装设计要素按照设计创意进行统一的编排、整合，在视觉中以形成整体的、系列的包装形象，如图10-8所示。

图10-8

10.4 包装设计的作用及尺寸

包装的作用是为了保护商品、美化商品、宣传商品，也是一种提高产品商业价值的技术和艺术手段。在市场经济如此发达的今天，商品的包装应该做到物有所值，档次定位明确，否则必然招到消费者的反感和抵触。因此，包装设计师一方面应该具备良好的职业道德水准和全方位的设计素质；另一方面包装设计还需要考虑环境保护的问题，包装设计应该朝着绿色化奋力迈进。

包装设计通常没有固定的尺寸规定，在设计时需要根据产品的尺寸来决定包装设计的尺寸。在对商品包装进行设计之前，需要根据商品特点、配件的摆放方式、使用的材质等各方面内容来计算包装的尺寸。

10.5 包装设计的基本流程

包装的功能主要是保护商品、传达商品信息、方便使用、方便运输、促进销售、提高产品附加值。包装具有商品和艺术相结合的双重性。

包装设计的主要流程可以分为调研分析、制定设计方案、平面设计和样机效果。

1. 调研分析

根据产品的开发战略及市场情况，制定新产品的开发动机与市场切入点，确定目标消费群体，并根据销售对象的年龄、职业、性别等因素来指定产品开发的特点、销售方式与包装形象设计的突出点。另外，还要结合产品的定位和竞争对手的情况制定产品的特性、卖点以及售价等。

2. 制定设计方案

根据设计项目的情况组成设计小组，对具体设计的项目进行研讨，制定视觉传达表现的重点和包装结构设计的方案，并对产品的竞争对手进行研究。尽量准确地表现出包装的结构特征、编排结构和主体形象造型。

3. 平面设计

一是图形部分，对于表现精细的插画，要求大致效果的表现即可，摄影图片则运用类似的照片或效果图先行代替。

二是文字部分，包括品牌字体的设计、广告语、功能性说明文字等。

三是包装结构的设计，如纸盒包装应该准备具体的盒形结构图，以便于包装展开设计的实施。除了这些以外，产品商标、企业标示、相关符号等也应该提前准备完成。

4. 样机效果

对最终筛选出来的部分设计方案进行展开设计，并制作成实际尺寸的彩色立体效果，从而更加接近实际的成品。设计师可以通过立体效果来检验设计的实际效果以及包装结构上的不足，并经过反复改进最终完成设计。

10.6 商业案例——小零食包装设计

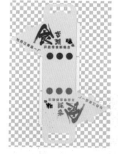

10.6.1 小零食包装的设计思路

出门时携带的小零食，品种通常是多种多样的，如果把这些小零食都放置到一起并进行包装，可以让小零食看起来更加有档次，在朋友面前食用时也会非常有面子。

本案例是小零食的包装设计。在包装上预留的插入口，可以让使用者非常容易的将其打开。在包装的图案设计方面选择的还是比较简洁的颜色搭配文字，让人看起来非常的舒服。通过对文字的排版布局，让其画面产生一种美感，吸引浏览者的目光。

10.6.2 配色分析

本案例中的配色根据小零食包装的特点以灰白色结合作为整体的背景色，包装上的配色以红色作为文字和正圆形的颜色，以此种配色来说明小零食包装的简洁、高端，如图10-9所示。

C:15 M:100 Y:100 K:0	C:0 M:0 Y:0 K:0	C:0 M:0 Y:0 K:100
R:198 G:10 B:39	R:255 G:255 B:255	R:51 G:44 B:43
#c60a27	#FFFFFF	#332C2B

图10-9

10.6.3 构图布局

本案例中的小零食包装，根据包装展开图，在相应位置以不同大小的文字进行对比，并且根据包装图将文字进行了合适角度的旋转，如图10-10所示。

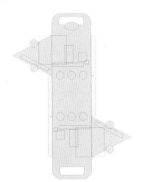

图10-10

10.6.4 使用InDesign绘制小零食包装展开图

■ 制作流程

本案例主要利用▢（矩形工具）绘制矩形后，在"角选项"命令中设置圆角，在"路径查找器"面板中将其相减，使用 T（文字工具）输入文字并

对文字进行编辑，复制副本进行翻转，具体流程如图10-11所示。

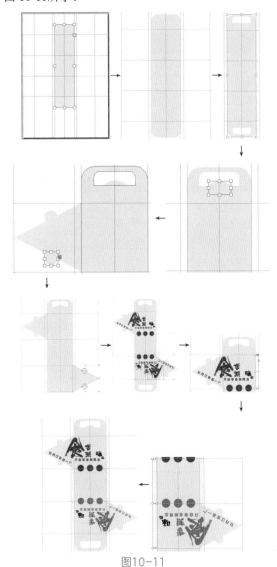

图10-11

■ 技术要点

➢ 新建文档拖曳出参考线；

➢ 绘制矩形；

➢ 在"角选项"对话框中设置圆角；

➢ 在"路径查找器"面板中单击"相减"按钮；

➢ 输入文字；

➢ 复制副本并进行翻转。

■ 操作步骤

01 启动InDesign CC软件，新建一个空白文档，设置"页数"为1、"宽度"与"高度"为默认、"出血"为3毫米，单击"边距和分栏"按钮，在弹出的"新建边距和分栏"对话框中，设置"边距"为0，设置完成后，单击"确定"按钮，新建文档如图10-12所示。

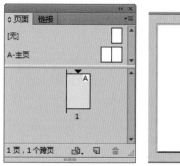

图10-12

02 在"页面"面板中选择第1页面，然后在"标尺"上按下鼠标左键拖曳出辅助线，如图10-13所示。

03 使用 ▥（矩形工具）在页面中根据辅助线绘制一个灰白色的矩形，效果如图10-14所示。

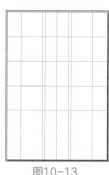
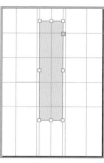

图10-13　　　　　　图10-14

04 执行菜单"对象|角选项"命令，打开"角选项"对话框，在其中设置"角样式"为"圆角"、4个角的"圆角值"均为11毫米，如图10-15所示。

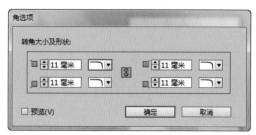

图10-15

05 设置完成后，单击"确定"按钮，效果如图10-16所示。

06 使用 ▥（矩形工具）绘制一个黑色矩形，效果如图10-17所示。

07 选择黑色矩形后，执行菜单"对象|角选项"命令，打开"角选项"对话框，在其中设置"角样式"为"圆角"、上面两个角的"圆角值"为11毫米、下面两个角的"圆角值"为0毫米，设置完成后，单击"确定"按钮，效果如图10-18所示。

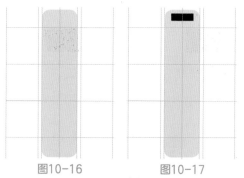

图10-16　　　　　　图10-17

图10-18

08 将两个对象一同选取后，执行菜单"窗口|对象和版面|路径查找器"命令，在打开的"路径查找器"面板中单击 ▣（减去）按钮，效果如图10-19所示。

图10-19

09 使用同样的方法制作底部的减去效果，如图10-20所示。

10 使用 ◯（椭圆工具）在相减处绘制一个灰白色椭圆，如图10-21所示。

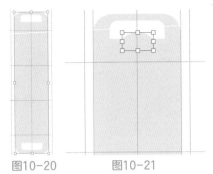

图10-20 　　　　　　图10-21

⑪ 使用 ✐（钢笔工具）绘制一个灰白色三角形，再使用 ◯（椭圆工具）绘制两个正圆形，效果如图10-22所示。

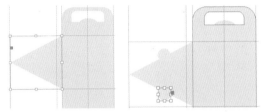

图10-22

⑫ 选择正圆形和三角形，按住Alt键拖曳后复制一个副本，单击属性栏中的 ⬚（水平翻转）按钮，将其水平翻转并移动到合适位置，效果如图10-23所示。

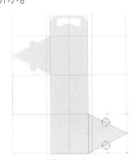

图10-23

⑬ 使用 T（文字工具）在包装上输入红色和黑色的文字，效果如图10-24所示。

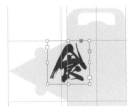

图10-24

⑭ 使用 ◯（椭圆工具）在文字的下方绘制3个红色正圆形，效果如图10-25所示。

⑮ 选择文字和红色正圆形后，按住Alt键拖曳后复制一个副本，单击属性栏中的 ⬚（垂直翻转）

按钮，将其垂直翻转并移动到合适位置，效果如图10-26所示。

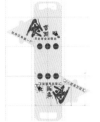

图10-25 　　　　　　图10-26

⑯ 将副本的红色色调全部降低到73%，效果如图10-27所示。

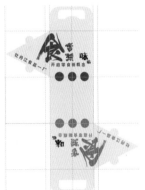

图10-27

⑰ 使用 ▭（矩形工具）绘制一个淡一点灰白色矩形，在"角选项"对话框中设置右侧的两个"圆角"为11毫米、左侧的两个"圆角"为0毫米，将其作为包装的折叠区卡扣区，效果如图10-28所示。

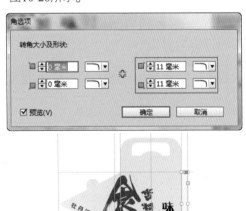

图10-28

⑱ 按住Alt键向下拖曳后复制一个副本，效果如图10-29所示。

⑲ 选择两个按住Alt键拖曳后复制一个副本，单击

属性栏中的 🔄（水平翻转）按钮，将其水平翻转并移动到合适位置，效果如图10-30所示。

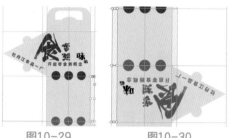

图10-29　　　　　图10-30

⑳ 至此，小零食包装展开图绘制完成，效果如图10-31所示。

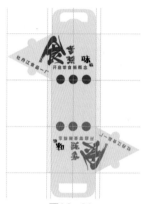

图10-31

㉑ 将导出为PNG格式以备后用。

温馨提示

为了在Photoshop中制作包装样机效果，在InDesign中导出的图像最好是PNG格式，因为此格式的图像没有背景，更加方便在图层中进行编辑。

10.6.5　使用Photoshop制作小零食包装的样机

■　制作流程

本案例主要让大家了解移入素材后应用"便条纸"滤镜，为包装添加纹理。通过选区工具创建选区后进行剪切复制，通过"变换"命令变换图像形状，绘制直线后应用"高斯模糊"滤镜，以此来制作边角效果，再通过"创建图层"命令将投影创建为单独图层，创建图层蒙版后分别使用 🖌（画笔工具）和 ▦（渐变工具）编辑蒙版，具体流程如图10-32所示。

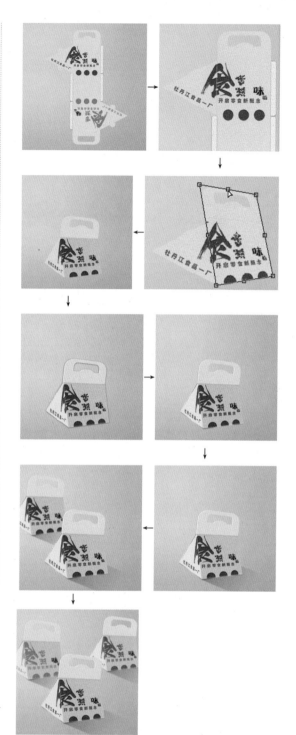

图10-32

■　技术要点

➢　新建文档移入素材；

➢　应用"便条纸"滤镜；

➢　创建选区进行剪切并复制；

➢　通过"变换"命令调整扭曲、缩放；

➢　绘制直线应用"高斯模糊"滤镜；

- ➤ 设置"不透明度";
- ➤ 创建图层组;
- ➤ 添加"投影"图层样式;
- ➤ 通过"创建图层"命令将图层样式转换为单独图层;
- ➤ 添加图层蒙版;
- ➤ 应用调整图层。

■ 操作步骤

背景的制作

01 启动Photoshop CC软件,新建一个空白文档。使用 ■（渐变工具）在文档中填充从浅灰到灰色的径向渐变,如图10-33所示。

02 打开使用InDesign绘制小零食包装展开图的PNG文件,使用 ⊕（移动工具）将其拖曳到新建文档中,如图10-34所示。

图10-33　　　　图10-34

03 复制一个副本,执行菜单"滤镜|滤镜库"命名,在打开的"滤镜库"对话框中找到"素描|便条纸"滤镜,设置其中的各项参数值如图10-35所示。

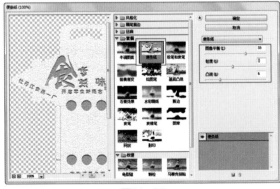

图10-35

04 设置完成后,单击"确定"按钮。在"图层"面板中设置"不透明度"为28%,效果如图10-36所示。

05 按Ctrl+E组合键向下合并图层,使用 ■（矩形选框工具）在图像上绘制一个矩形选区,按Ctrl+X组合键剪切选区内的图像,按Ctrl+V组合键粘贴选区内的图像,效果如图10-37所示。

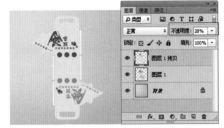

图10-36

图10-37

06 选中"图层1"图层,使用 ▽（多边形套索工具）在左侧的三角形区域创建选区,同样将其进行剪切,效果如图10-38所示。

图10-38

07 隐藏"图层1"图层,选中"图层2"图层后,使用 ▥（矩形选框工具）在上半部分创建选区,剪切复制后将其拆分为两个图层,如图10-39所示。

图10-39

中文版Photoshop+InDesign商业案例项目设计完全解析

08 将"图层4"和"图层2"图层创建链接，按Ctrl+T组合键调出变换框后，先按住Ctrl+Shift+Alt组合键将其进行透视处理，释放后将其进行缩放处理，如图10-40所示。

图10-40

09 在按住Ctrl键的同时将图像进行扭曲变形，如图10-41所示。

10 取消"图层4"和"图层2"图层的链接。选中"图层4"图层，执行菜单"编辑|变换|斜切"命令，调出斜切变换框将其进行斜切处理，效果如图10-42所示。

图10-41　　　　　图10-42

11 选中"图层3"图层，按Ctrl+T组合键调出变换框，按住Ctrl键的同时调整变换框，将其进行扭曲变换，效果如图10-43所示。

图10-43

12 按Enter键完成变换。选中"图层2"图层，单击。(创建新的填充或调整图层)按钮，在弹出的下拉菜单中选择"亮度/对比度"命令，然后调整"属性"面板的参数值，效果如图10-44所示。

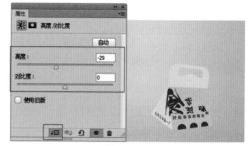

图10-44

13 选中"图层3"图层，单击。(创建新的填充或调整图层)按钮，在弹出的下拉菜单中选择"亮度/对比度"命令，然后调整"属性"面板的参数值，效果如图10-45所示。

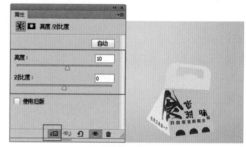

图10-45

14 按住Ctrl键的同时单击"图层4"图层缩览图，调出选区。在"图层4"图层的下方新建一个"图层5"图层，将其填充为白色，将其向左移动，效果如图10-46所示。

图10-46

15 按Ctrl+D组合键取消选区。复制"图层4"图层，得到一个"图层4拷贝"图层，将其移动到"图层5"图层的下方，单击。(创建新的填充或调整图层)按钮，在弹出的下拉菜单中选择"亮度/对比度"命令，然后调整"属性"面板的参数值，效果如图10-47所示。

图10-47

⑯ 在"背景"图层的上方新建一个图层，使用 ⊬
（多边形套索工具）绘制选区并填充为白色，
移动选区后再将其填充为灰色，以此作为卡口
的阴影，效果如图10-48所示。

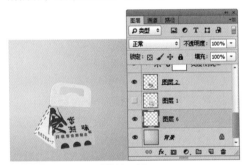

图10-48

⑰ 按Ctrl+D组合键取消选区。新建一个图层，使
用 ⁄ （直线工具）在折叠处绘制一条白色线
条，效果如图10-49所示。

⑱ 执行菜单"滤镜|模糊|高斯模糊"命令，打开
"高斯模糊"对话框，其中的参数值设置如
图10-50所示。

图10-49　　　　图10-50

⑲ 设置完成后，单击"确定"按钮。使用 ⬢ （橡

皮擦工具）擦除多余区域，设置"不透明度"
为66%，效果如图10-51所示。

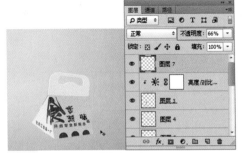

图10-51

⑳ 复制一个副本，将其
进行旋转变换并将其
移动到底部，效果如
图10-52所示。

㉑ 新建一个图层，使用
⁄ （直线工具）绘
制一条黑色线条，按

图10-52

Ctrl+F组合键再应用一次"高斯模糊"滤镜，设
置"不透明度"为65%，效果如图10-53所示。

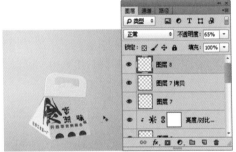

图10-53

㉒ 将除"背景"图层以外的所有图层全部选取，
执行菜单"图层|图层编组"命令或按Ctrl+G组
合键，将选择的图层创建到图层组中，效果如
图10-54所示。

图10-54

㉓ 执行菜单"图层|图层样式|投影"命令，打开
"图层样式"对话框，勾选"投影"复选框，
其中的参数值设置如图10-55所示。

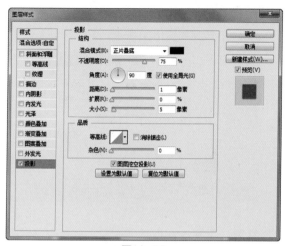

图10-55

24 设置完成后，单击"确定"按钮，效果如图10-56所示。

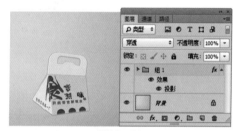

图10-56

25 执行菜单"图层|图层样式|创建图层"命令，将投影变为一个单独的图层，如图10-57所示。

图10-57

26 选中"'组1'的投影"图层，单击 ▣ （添加图层蒙版）按钮，为图层添加一个图层蒙版，使用 ✐ （画笔工具）在蒙版中对应图像的区域涂抹黑色，效果如图10-58所示。

图10-58

27 新建一个图层，选择 ▽ （多边形套索工具）后，设置"羽化"为3，将封闭选区填充为黑色，效果如图10-59所示。

图10-59

28 按Ctrl+D组合键取消选区。单击"图层"面板底部的 ▣ （添加图层蒙版）按钮，为图层添加一个图层蒙版，使用 ▣ （渐变工具）在蒙版中填充从黑色到白色的渐变色，以此来编辑蒙版，再设置"不透明度"为33%，效果如图10-60所示。

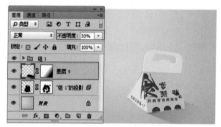

图10-60

29 选择除"背景"图层以外的所有图层，按Ctrl+Alt+E组合键将选择的图层复制后进行合并，调整图层顺序并变换大小，效果如图10-61所示。

图10-61

30 按Ctrl+F组合键为合并后的图层应用一次"高斯模糊"命令，效果如图10-62所示。

图10-62

㉛ 复制一个副本，移动到右侧，单击 ⚫. （创建新的填充或调整图层）按钮，在弹出的下拉菜单中选择"色相/饱和度"命令，再在"属性"面板中设置参数，效果如图10-63所示。

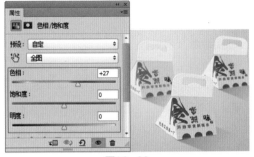

图10-63

㉜ 复制"色相/饱和度"调整图层到合并图像副本上方，如图10-64所示。

㉝ 至此，本案例制作完成，效果如图10-65所示。

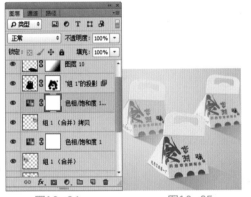

图10-64　　　　图10-65

★★★★

10.7 商业案例——茶叶包装设计

10.7.1　茶叶包装的设计思路

本案例的茶叶是金属盒并带有凸起纹理的包装，在设计时可以先将外形、形状作为第一思考点，在包装图像中的内容作为第二思考点，图像分为上下结构是第三思考点。

从第一思考点上来设计，可以将其设计为一款高档、雅致的可回收铁盒包装，形状上考虑的是以圆柱形作为单体；从第二思考点就是包装图像中的内容，上面是标签，下面是图像；从第三思考点就是在包装结构上分成了上下结构，上面是包装盒盖、下面是盒身。

根据上面提到的3个思考点，在设计制作时就有了一个框架，只要不是太意外，都能把最终效果大致设计的差不多。本案例是以铁为材质，所以绘制时要以渐变填充的效果，再在铁材质上加入山水画，以此来设计一款茶叶包装。

10.7.2　配色分析

既然是茶叶包装，配色中的颜色就不要太多。本案例就是黑色加上绿色来进行整体的搭配，可以让整体画面在配色上有一种干净、高雅的感觉；文字部分却是应用的白绿对比的方法，这样可以增加文字的反差，提升视觉吸引力，如图10-66所示。

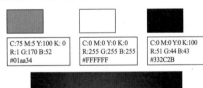

C:75 M:5 Y:100 K:0 R:1 G:170 B:52 #01aa34	C:0 M:0 Y:0 K:0 R:255 G:255 B:255 #FFFFFF	C:0 M:0 Y:0 K:100 R:51 G:44 B:43 #332C2B

图10-66

10.7.3　构图布局

本包装的构图是以包装最终形象的形式进行布局，主要分成上下两个部分，上部为盒盖和标签，下部又将其分为盒身和图像区域，如图10-67所示。

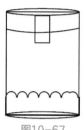

图10-67

10.7.4 使用InDesign制作茶叶包装标签和底图

■ 制作流程

本案例主要利用▢（矩形工具）和⬭（椭圆工具）绘制矩形和正圆形后，在"路径查找器"面板中将其相加，使用Ⓣ（文字工具）输入文字并对文字进行编辑，置入素材并调整大小，具体流程如图 10-68所示。

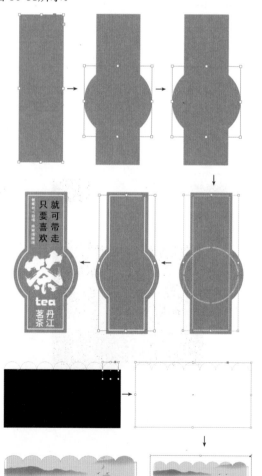

图10-68

中文版Photoshop+InDesign商业案例项目设计完全解析

■ 技术要点

> 新建文档绘制矩形和正圆形；
> 绘制矩形和正圆轮廓；
> 在"路径查找器"中单击"相加"按钮；
> 输入文字；
> 置入素材调整大小。

■ 操作步骤

标签的制作

①启动InDesign CC软件，新建一个空白文档，设置"页数"为3、"宽度"与"高度"为默认、"出血"为3毫米，单击"边距和分栏"按钮，在弹出的"新建边距和分栏"对话框中，设置"边距"为0，设置完成后，单击"确定"按钮，新建文档如图10-69所示。

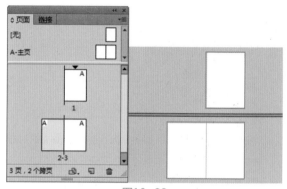

图10-69

②选择第2页面，使用▢（矩形工具）在页面中绘制一个绿色矩形，如图10-70所示。

③使用⬭（椭圆工具）在绿色矩形上绘制一个绿色正圆形，效果如图10-71所示。

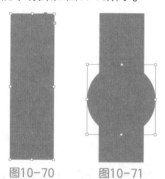

图10-70 　　图10-71

④使用▢（矩形工具）和⬭（椭圆工具）在绿色矩形上绘制一个白色矩形框和一个白色正圆形框，设置"粗细"为3点，效果如图10-72所示。

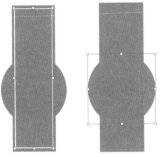

图10-72

05 选择矩形框和正圆框，执行菜单"窗口|对象和版面|路径查找器"命令，在打开的"路径查找器"面板中单击▣（相加）按钮，将其合并为一个对象，效果如图10-73所示。

图10-73

06 使用▣（文字工具）在正圆形处输入一个白色文字"茶"，将字体设置为毛笔手写字体，效果如图10-74所示。

07 使用▣（文字工具）在"茶"字的上面和下面分别输入白色和黑色文字。至此，标签部分制作完成，效果如图10-75所示。

图10-74　　　　　图10-75

08 将制作的图像导出为PNG格式，以备后用。

底图制作

01 选择第3页面，使用▣（矩形工具）绘制一个黑色矩形；如图10-76所示。

02 使用◯（椭圆工具）在黑色矩形上绘制正圆形，复制6个副本，如图10-77所示。

图10-76　　　　　图10-77

03 框选正圆形和矩形，在"路径查找器"面板中单击▣（相加）按钮，将其合并为一个对象，效果如图10-78所示。

图10-78

04 置入附带的"山水.jpg"素材文件，使用▣（直接选择工具）调整图像大小，效果如图10-79所示。

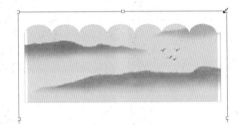

图10-79

05 置入附带的"叶子.png"素材文件，调整大小后将其移动到矩形和正圆形合并后的图像上。至此，本案例底图部分制作完成，效果如图10-80所示。

图10-80

06 将制作的图像导出为PNG格式，以备后用。

10.7.5　使用Photoshop制作茶叶包装样机效果

■　制作流程

本案例主要利用▣（渐变工具）填充渐变色，复制副本后变换图像完成背景制作，绘制矩形形状、椭圆形形状，为其填充渐变色，设置轮廓后应用"高斯模糊"滤镜。移入图像后，为其添加投影，整体制作完成后创建图层蒙版并使用 ▣（渐变工具）编辑图层蒙版，以此来制作阴影，具体流程如图10-81所示。

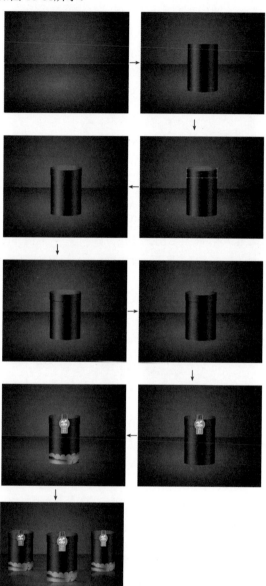

图10-81

■ 技术要点

➢ 使用"渐变工具"填充渐变色；

➢ 复制图层进行变换；

➢ 绘制矩形形状；

➢ 绘制椭圆形状；

➢ 填充渐变色；

➢ 变换图像；

➢ 应用"马赛克拼贴"滤镜制作图像纹理；

➢ 创建图层组添加投影并创建图层；

➢ 添加图层蒙版并进行编辑；

➢ 调整"不透明度"。

■ 操作步骤

01 启动Photoshop CC软件，新建一个空白文档。使用 ▣（渐变工具）填充从深灰色到黑色的径向渐变，效果如图10-82所示。

02 复制一个"背景"图层，按Ctrl+T组合键调出变换框，拖动控制点将图像缩小，效果如图10-83所示。

图10-82

图10-83

03 按Enter键完成变换，使用 ▣（矩形工具）绘制一个矩形形状，在属性栏中设置"描边"为"无"、"填充"从左向右的渐变颜色为黑色—灰色—黑色—灰色—黑色的线性渐变、"角度"为0，效果如图10-84所示。

图10-84

04 执行菜单"滤镜|模糊|高斯模糊"命令，打开"高斯模糊"对话框，其中的参数值设置如图10-85所示。

图10-85

05 复制一个椭圆形将其移动到顶端，效果如图10-86所示。

图10-86

06 选中"椭圆1拷贝"图层，在属性栏中重新设置渐变色，如图10-87所示。

图10-87

07 复制"椭圆1"和"矩形1"图层，选中"矩形1拷贝"图层，按Ctrl+T组合键将其调整，效果如图10-88所示。

图10-88

08 按Enter键完成变换。将"椭圆1"图层中的椭圆形向上移动，为了查看方便，先将"矩形1"图层隐藏，效果如图10-89所示。

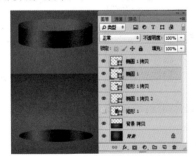

图10-89

09 显示"矩形1"图层，将"椭圆1"图层和"矩

形1拷贝"图层一同选取，按Ctrl+E组合键将其合并，重新得到"椭圆1"图层，如图10-90所示。

图10-90

10 选中"椭圆1"图层和"椭圆1拷贝"图层，按Ctrl+T组合键调出变换框，拖动控制点将其变大，按Enter键完成变换，效果如图10-91所示。

图10-91

11 执行菜单"图层|图层样式|投影"命令，打开"图层样式"对话框，勾选"投影"复选框，其中的参数值设置如图10-92所示。

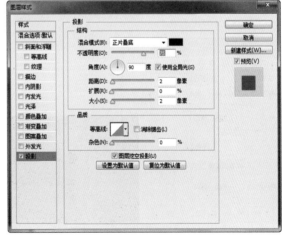

图10-92

12 设置完成后，单击"确定"按钮，效果如图10-93所示。

13 复制"椭圆1"图层，得到"椭圆1拷贝2"图层，设置"填充"为"无"、"描边"为白色、"粗细"为0.39点，效果如图10-94所示。

图10-93　　　　　　　图10-94

图10-97

⑭ 执行菜单"滤镜|转换为智能滤镜"命令，将其转换为智能对象，再执行菜单"滤镜|模糊|高斯模糊"命令，打开"高斯模糊"对话框，其中的参数值设置如图10-95所示。

⑰ 选择除"背景"图层以外的所有图层，按Ctrl+Alt+E组合键，得到一个合并后的图层，执行菜单"滤镜|转换为智能滤镜"命令，将其转换为智能对象，再执行菜单"滤镜|滤镜库"命令，打开"滤镜库"对话框，找到"纹理|马赛克拼贴"滤镜，设置其中的参数值如图10-98所示。

图10-95

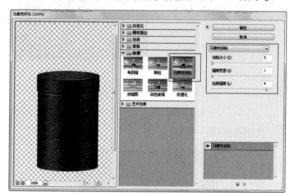

图10-98

⑮ 设置完成后，单击"确定"按钮。在"图层"面板中设置"不透明度"为9%，效果如图10-96所示。

⑱ 设置完成后，单击"确定"按钮。在"图层"面板中设置"不透明度"为31%，效果如图10-99所示。

图10-96

⑯ 再复制此图层的一个副本，得到"椭圆1拷贝3"图层，隐藏智能滤镜，单击 🔲 （添加图层蒙版）按钮，为图层添加图层蒙版，使用 🖌 （画笔工具）在蒙版中涂抹黑色，设置"不透明度"为31%，效果如图10-97所示。

图10-99

⑲ 打开使用InDesign绘制标签图后导出的PNG图像，使用 ➤ （移动工具）将其拖曳到新建文档中，按Ctrl+T组合键调出变换框，拖动控制点

中文版Photoshop+InDesign商业案例项目设计完全解析

将其缩小，效果如图10-100所示。

图10-100

20 按Enter键完成变换，使用 （矩形选框工具）创建选区后，按Ctrl+T组合键调出变换框，按住Ctrl键的同时拖曳控制点调整图像，效果如图10-101所示。

图10-101

21 按Enter键完成变换。单击"图层"面板底部的 （创建新的填充或调整图层）按钮，在弹出的下拉菜单中选择"亮度/对比度"命令，然后调整"属性"面板的参数值，效果如图10-102所示。

图10-102

22 选中"图层1"图层，执行菜单"图层|图层样式|投影"命令，打开"图层样式"对话框，勾选"投影"复选框，其中的参数值设置如图10-103所示。

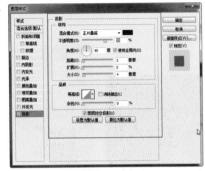
图10-103

23 设置完成后，单击"确定"按钮，效果如图10-104所示。

24 打开使用InDesign绘制底图后导出的PNG图像，使用 （移动工具）将其拖曳到新建文

图10-104

档中，按Ctrl+T组合键调出变换框，拖动控制点将其缩小，右击，在弹出的快捷菜单中选择"变形"命令，调整控制点效果如图10-105所示。

图10-105

25 按Enter键完成变换。按住Ctrl键单击合并后的图层缩览图，调出选区后，单击 （添加图层蒙版）按钮，选区添加图层蒙版，设置图层混合模式为"线性光"、"不透明度"为55%，效果如图10-106所示。

图10-106

26 与制作顶部边缘高光一样的方法制作底部高光，效果如图10-107所示。

27 将除"背景"图层外的所有图层全部选取，执行菜单"图层|图层编组"或按Ctrl+G组合键，将选择的图层创建到图层组中，效果如图10-108所示。

图10-107　　　　图10-108

28 执行菜单"图层|图层样式|投影"命令，打开"图层样式"对话框，勾选"投影"复选框，其中的参数值设置如图10-109所示。

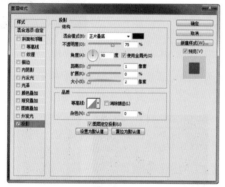

图10-109

29 设置完成后，单击"确定"按钮，效果如图10-110所示。

图10-110

30 执行菜单"图层|图层样式|创建图层"命令，将投影变为一个单独的图层，选择组1投影图层，单击 ▣（添加图层蒙版）按钮，为图层添加一个图层蒙版，使用 ✐（画笔工具）在蒙版中对应图像的区域涂抹黑色，效果如图10-111所示。

图10-111

31 新建一个图层，选择 ▢（矩形选框工具）后，设置"羽化"为3，页面中绘制矩形选区并填充为黑色，按Ctrl+D组合键取消选区。单击"图层"面板底部的 ▣（添加图层蒙版）按钮，为图层添加一个图层蒙版，使用 ▣（渐变工具）在蒙版中填充从黑色到白色的渐变色，以此来编辑蒙版，再设置"不透明度"为38%，效果如图10-112所示。

图10-112

32 复制图层后，执行菜单"编辑|变换|水平翻转"命令，将副本移动到合适位置，效果如图10-113所示。

图10-113

33 复制组1后，按Ctrl+E组合将其合并为一个图层，执行菜单"编辑|变换|垂直翻转"命令，将翻转图像移动到合适位置，单击 ▣（添加图层蒙版）按钮，为图层添加一个图层蒙版，使用 ▣（渐变工具）在蒙版中填充从黑色到白色的渐变色，以此来编辑蒙版，再设置"不透明度"为52%，效果如图10-114所示。

图10-114

(34) 选择除"背景"图层外的所有图层，按
Ctrl+Alt+E组合键将选择图层复制一个合并后
的图层，调整图层顺序并变换大小，效果如
图10-115所示。

图10-115

(35) 单击"图层"面板底部的 ■.（创建新的填充
或调整图层）按钮，在弹出的下拉菜单中选择
"色相/饱和度"命令，再在"属性"面板中设
置参数，效果如图10-116所示。

图10-116

(36) 使用同样的方法制作另一个效果。至此，本案
例制作完成，效果如图10-117所示。

图10-117

10.8 优秀作品欣赏

本章重点：

➢ 网页设计的概述与应用
➢ 网页设计中的布局分类形式
➢ 网页的设计制作要求
➢ 网页配色概念

➢ 网页安全色
➢ 商业案例——学校网页
➢ 商业案例——篮球网页
➢ 优秀作品欣赏

中文版Photoshop+InDesign商业案例项目设计完全解析

本章主要从分类、制作要求、配色等方面着手，介绍网页设计的相关知识与应用，并通过相应的网页界面设计案例，引导读者理解网页设计的应用以及制作方法，使读者能够快速地掌握网页设计的特点与应用形式。

就是各种网页构成要素（文字、图像、图表、菜单等）在网页浏览器中有效地排列起来。在设计网页页面时，需要从整体上把握好各种要素的布局，利用好表格或网格进行辅助设计。只有充分地利用、有效地分割有限的页面空间，创造出新的空间，并使其布局合理，才能制作出好的网页。

网页是当今企业作为宣传和营销的一种重要手段，作为上网的主要依托，网页由于人们频繁地使用网络而变得越来越重要，网页设计也得到了发展。网页设计是提供一种布局合理、视觉效果突出、功能强大、使用方便的界面给每一个浏览者，使他们能够愉快、轻松、快捷地了解网页所提供的信息，如图11-1所示。

图11-1

★★★★ 11.1 网页设计的概述与应用

网页的页面设计主要讲究的是页面的布局，也

11.2 网页设计中的布局分类形式

设计网页页面时常用的版式有单页和分栏两种，在设计时需要根据不同的网站性质和页面内容选择合适的布局形式，通过不同的页面布局形式可以将常见的网页分为以下几种类型。

1. "国"字型

"国"字型结构是网页上使用最多的一种结构类型，是综合性网站常用的版式，即最上面是网站的标题以及横幅广告条，接下来就是网站的主要内容，左右分列小条内容，通常情况下左边是主菜单，右边放友情链接等次要内容，中间是主要内容，与左右一起罗列到底，最底端是网站的一些基本信息、联系方式、版权声明等。这种版面的优点是页面充满、内容丰富、信息量大；缺点是页面拥挤、不够灵活，如图11-2所示。

图11-2

2. 拐角型

拐角型，又称T字型布局，这种结构和"国"字型结构只是形式上的区别，其实是很相近的，就是网页上边和左右两边相结合的布局，通常右边为主要内容，比例较大。在实际运用中还可以改变T字型布局的形式，如左右两栏式布局，一半是正文，另一半是形象的图像或导航栏。这种版面的优点是页面结构清晰、主次分明，易于使用；缺点是规矩呆板，如果细节色彩上不到位，很容易让人"看之无味"，如图11-3所示。

3. 标题正文型

标题正文型，即上面是标题，下面是正文，一些文章页面或注册页面多属于此类型，如图11-4所示。

图11-3

图11-4

4. 左右框架型

左右框架型是一种分为左右布局的网页，页面结构非常清晰，一目了然，如图11-5所示。

图11-5

5. 上下框架型

上下框架型与左右框架型类似，区别仅仅在于上下框架型是一种将页面分为上下结构布局的网页，如图11-6所示。

图11-6

第11章 网页设计

215

6. 综合框架型

综合框架型是一种将左右框架型与上下框架型相结合的网页结构布局方式，如图11-7所示。

图11-7

7. 封面创意型

封面创意型的页面设计一般很精美，通常出现在时尚类网站、企业网站或个人网站的首页，优点显而易见、美观吸引人；缺点是速度慢，如图11-8所示。

图11-8

8. Html5型

Html5型是目前非常流行的一种页面形式，由于Html5功能的强大，页面所表达的信息更加丰富，且视觉效果出众，如图11-9所示。

图11-9

11.3 网页的设计制作要求

页面设计通过文字图像的空间组合，表达出和谐与美。在设计过程中一定要根据内容的需要，合理地将各类元素按次序编排，使它们组成一个有机的整体，展现给广大的观众。因此，在设计中可以依据以下几条原则：

- ➢ 根据网页主题内容确定版面结构。
- ➢ 有共性，才有统一，有细节区别，就有层次，做到主次分明，中心突出。
- ➢ 防止设计与实现过程中的偏差，不要定死具体要放多少条信息。
- ➢ 设计的部分，要配合整本风格，不仅页面上各项设计要统一，而且网站的各级别页面也要统一。
- ➢ 页面要"透气"，就是信息不要太过集中，以免文字编排太紧密，可适当留一些空白。但要根据平面设计原理来设计，比如分栏式结构就不宜留白。
- ➢ 图文并茂，相得益彰。注重文字和图片的互补视觉关系，相互衬托，增加页面活跃性。
- ➢ 充分利用线条和形状，增强页面的艺术魅力。
- ➢ 还要考虑浏览器上部占用的屏幕空间，防止图片截断等造成视觉效果不好。

网页类型设计者可以根据实际情况决定，可以是商业网站、文化娱乐网站、电影网站或个人网站等。

设计时依据平面设计基本原理，巧妙安排构成要素进行页面的形式结构的设计，要求主题鲜明、布局合理、图文并茂、色彩和谐统一，设计需要能够体现独创性和艺术性。

11.4 网页配色概念

网页配色就是看看怎样的颜色搭配，才能呈现网站风格特性。在配色的过程中，也请注意"网页配色"与"页面布局"的一致性，因为配色只是一种辅助及参考，以"专业"特质为配色效果来看，要随着不同的页面布局，而适当地针对配色效果中的某个颜色来加以修正，如果执着于书籍中的配色方式，有可能会得到反效果也说不定。所以，在配色时要随着调整页面布局的步骤一起进行，如此才可使得页面效果更尽善尽美。在配色中可以按照以下几种配色方式来完成网页的色彩配色。

1. 冷色系

冷色系给人专业、稳重、清凉的感觉，蓝色、绿色、紫色都属于冷色系，如图11-10所示。

图11-10

2. 暖色系

暖色系带给人较为温馨的感觉，由太阳颜色衍生出来的颜色，红色和黄色都属于暖色系，如图11-11所示。

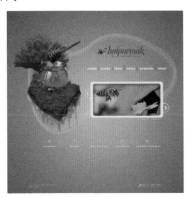

图11-11

3. 色彩鲜艳强烈

色彩鲜艳强烈的配色会带给人较有活力的感觉，如图11-12所示。

图11-12

4. 中性色

中性色，就是黑、白、灰三种颜色。适用于与任何色系相搭配，给人的感觉是简洁、大气、高端等，如图11-13所示。

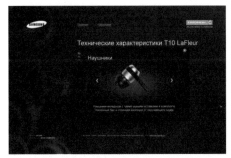

图11-13

11.5 网页安全色

说到"网页安全色"就要从网络的历史谈起，在早期浏览器刚发展时，大部分的计算机都还只是在256色模式的显示环境，而在此模式中的Internet Explorer及Netscape两种浏览器无法在画面上呈现相同的颜色，也就是有些颜色在Internet Explorer中看的到，而在Netscape则不能，为了避免网页图像在设计时的困扰，就有人将这256色中，无论是在Internet Explorer或是Netscape都能正常显示的颜色找出来，而其颜色数为216色，因此一般都称之为"216网页安全色"，不过由于现今的显示器都是全彩模式，所以各位也不一定要谨守216色的限制。

另外，使用于页面上的颜色值是采用16进位的方式，也就是颜色值范围会从RGB模式中的（0到255）变为（00到FF）。以红色为例，在美工软件中的颜色值为255、0、0，改成十六进位后会变为#FF0000，如图11-14所示。

图11-14

不过屏幕上的显示结果与印刷效果多少会有点出入，所以请大家还是要以浏览器上的显示结果为主，而这个色卡就作为设计时的参考，如图11-15所示。

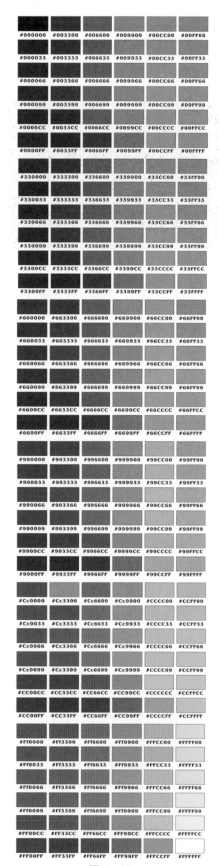

图11-15

★★★★ 11.6 商业案例——学校网页

11.6.1 学校网页的设计思路

学校网页，就是为学校制作的一个网页，内容方面是与学校相呼应的，在版式、配色等设计中一定要与学校的主题相对应。

本案例是一个学校网页，以传授技能为主的技工类学校。在页面中直接引用了学校大门和教学楼的图片，以此作为整个网页的第一视觉点，其他区域是以学校的各系作为引入点来进行布局构图，整体上给人的感觉就是严肃、认真，并且带有一些知识感。在整个网页的最前方凸显的是学校招生和院内新闻信息。本案例的设计，正好符合学校类型网页设计风格。

11.6.2 配色分析

本案例中的配色以青色作为整个网页的主色，除了图像外，其他配色应用的几乎都是中性色配色，这样做的好处是可以非常突出地展现学校需要的配色风格，青色表达出的色彩心理是冷静、清爽，此配色也与技工类学校的教学理念相呼应。学习本领除了需要激情外，更多的应该是冷静的对待所学内容。较单一的配色，可以让学校网页看起来更加具有辨识度，如图11-16所示。

C:10 M:0 Y:0 K:0 R:0 G:161 B:233 # 00a1e9	C:0 M:0 Y:0 K:30 R:201 G:202 B:202 # c9caca	C:0 M:0 Y:0 K:0 R:255 G:255 B:255 #FFFFFF	C:0 M:0 Y:0 K:100 R:51 G:44 B:43 #332C2B

图11-16

11.6.3　构图布局

本案例中的网页在布局上属于标题正文型，风格上属于详细内容型，整个画面在布局上为上中下标准结构，在页面右侧放置一个从上到下的标签展示区，依次绘制一些小矩形分散到大矩形的周围，起到一个平衡画面的作用，如图11-17所示。

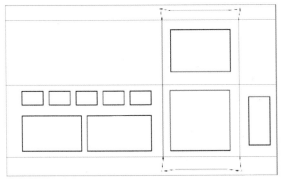

图11-17

11.6.4　使用Photoshop制作学校网页图像背景部分

■　制作流程

本案例主要了解使用 ✎ （直线工具）绘制一个矩形框，再使用 ▢ （矩形工具）绘制矩形，完成背景的制作。使用 ✐ （钢笔工具）绘制路径转换为选区填充颜色后应用图层样式，绘制选区填充渐变色，添加图层蒙版并进行编辑，具体流程如图11-18所示。

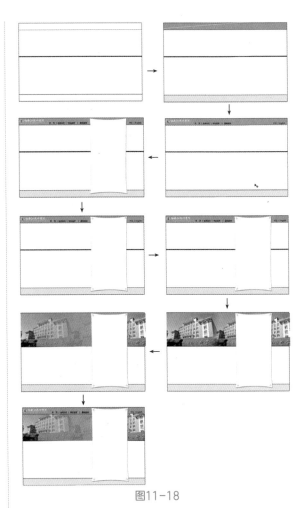

图11-18

■　技术要点

> 使用"直线工具"创建边框；
> 使用"矩形工具"绘制矩形；
> 使用"钢笔工具"绘制封闭路径；
> 将路径转换为选区；
> 填充渐变色；
> 应用"外发光"和"投影"图层样式；
> 移入素材添加图层蒙版；
> 编辑图层蒙版。

■　操作步骤

01 启动Photoshop CC软件，新建一个1494像素×938像素的空白文档。在"图层"面板中新建一个图层，使用 ✎ （直线工具）绘制一个矩形框，如图11-19所示。

图11-19

02 在边框的下方新建两个图层，使用 ▭ （矩形工具）分别在两个图层中绘制一个青色矩形和一个灰色矩形，如图11-20所示。

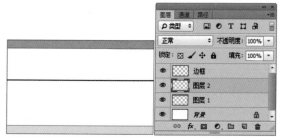

图11-20

03 打开附带的"学校标志.png"素材文件，使用 ▶✛ （移动工具）将其拖曳到新建文档中，调整大小和位置，设置图层混合模式为"变亮"，效果如图11-21所示。

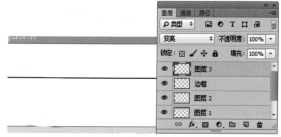

图11-21

04 使用 ⊙ （椭圆选框工具）在LOGO上绘制一个正圆选区，按Ctrl+C组合键复制选区内容，按Ctrl+Shift+V组合键原位粘贴选区内的图像，效果如图11-22所示。

图11-22

05 使用 T （横排文字工具）在青色矩形上输入文本，设置"字体"为"微软雅黑"、"大小"为10点，效果如图11-23所示。

图11-23

06 新建一个图层，使用 ✍ （钢笔工具）绘制一个封闭的路径，如图11-24所示。

07 按CtrL+Enter组合键将路径转换为选区，将选区填充为白色，效果如图11-25所示。

图11-24

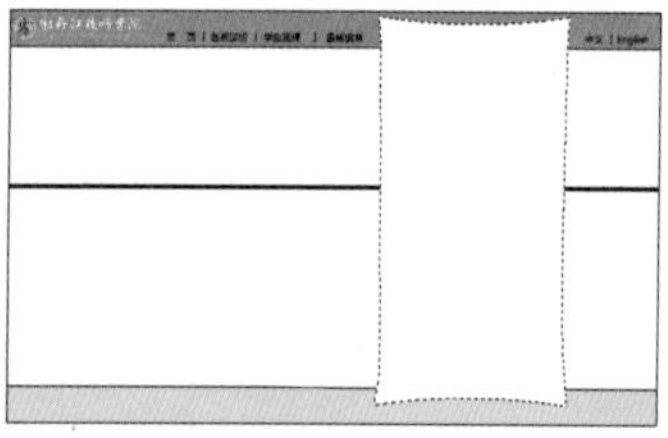

图11-25

08 按CtrL+D组合键取消选区。执行菜单"图层|图层样式|外发光"命令，打开"图层样式"对话框，分别勾选"外发光"和"投影"复选框，其中的参数值设置如图11-26所示。

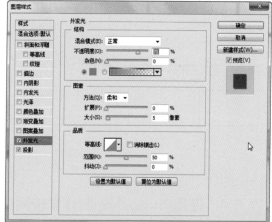

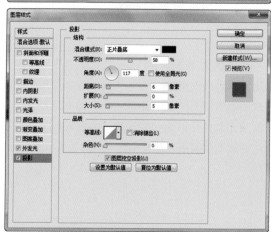

图11-26

中文版Photoshop+InDesign商业案例项目设计完全解析

09 设置完成后，单击"确定"按钮，效果如图11-27所示。

图11-27

10 新建一个图层，使用▢（椭圆选框工具）绘制正圆选区，使用▣（渐变工具）填充从白色到灰色的径向渐变，效果如图11-28所示。

图11-28

11 按Ctrl+D组合键取消选区。执行菜单"图层|图层样式|外发光"命令，打开"图层样式"对话框，勾选"外发光"复选框，其中的参数值设置如图11-29所示。

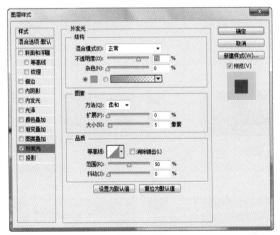

图11-29

12 设置完成后，单击"确定"按钮，效果如图11-30所示。

13 按住Alt键拖曳渐变正圆图形到另外3个角处，复制3个副本，效果如图11-31所示。

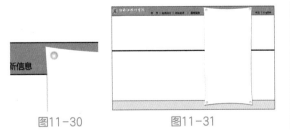

图11-30　　　　　图11-31

14 使用▨（钢笔工具）在左上角正圆形处绘制一个封闭路径，如图11-32所示。

图11-32

15 按CtrL+Enter组合键将路径转换为选区。在正圆形下方新建一个图层，使用▣（渐变工具）填充从白色到灰色的线性渐变，效果如图11-33所示。

图11-33

16 按Ctrl+D组合键取消选区。复制一个副本，按Ctrl+T组合键调出变换框，将图像进行变换调整，效果如图11-34所示。

图11-34

17 按Enter键完成变换。按Ctrl+E组合键将两个图层合并，效果如图11-35所示。

图11-35

18 再复制3个合并后的图像副本，将其移动到4个角处，效果如图11-36所示。

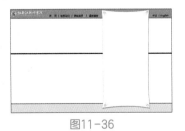

图11-36

19 在文字图层的上方新建一个图层组，移入附带的"学校"素材文件，调整大小和位置，效果如图11-37所示。

图11-37

20 复制一个副本，将其向右移动，单击 🖵（添加图层蒙版）按钮，为图层添加图层蒙版，使用 ■（渐变工具）填充从白色到黑色的线性渐变，效果如图11-38所示。

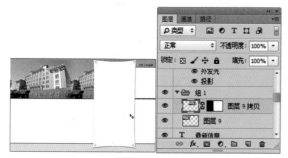

图11-38

21 再复制一个副本向右移动，效果如图11-39所示。

图11-39

22 新建一个图层，使用 ■（矩形工具）绘制一个青色矩形，单击 🖵（添加图层蒙版）按钮为其添加一个图层蒙版，使用 ■（渐变工具）填充黑色—白色—黑色的线性渐变，设置"不透明度"为81%，效果如图11-40所示。

图11-40

23 选择"组1"单击 🖵（添加图层蒙版）按钮为

其添加一个图层蒙版，使用 ✏（画笔工具）涂抹黑色。至此，本案例制作完成，效果如图11-41所示。

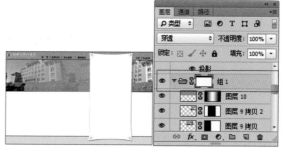

图11-41

11.6.5　使用InDesign制作学校网页

■　制作流程

本案例主要使用"置入"命令置入素材，为其添加边框，输入文字调整大小和行间距，绘制直线设置成虚线效果，具体流程如图11-42所示。

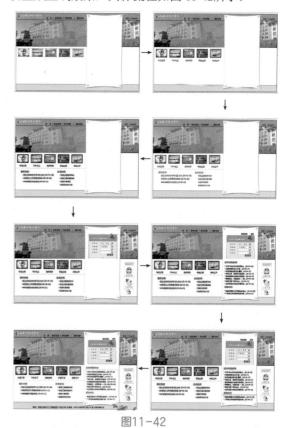

图11-42

■　技术要点

➢　使用"置入"命令置入素材；

➢　设置对齐和分布；

- ➢ 添加描边；
- ➢ 绘制直线设置为"圆点"；
- ➢ 输入文字。

■ 操作步骤

01 启动InDesign CC软件，新建一个空白文档，设置"页数"为1、"宽度"为253毫米、"高度"为159毫米、"出血"为0毫米，单击"边距和分栏"按钮，在弹出的"新建边距和分栏"对话框中，设置"边距"为0，设置完成后，单击"确定"按钮，新建文档如图11-43所示。

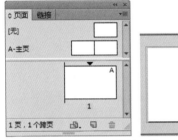

图11-43

02 选择第1页面，执行菜单"文件|置入"命令，置入刚才使用Photoshop制作的学校网页图像背景部分，调整其在页面中的位置，如图11-44所示。

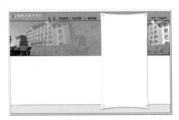

图11-44

03 为了操作简便，选择背景，执行菜单"对象|锁定"命令，将其锁住，再置入附带的"图01.jpg"、"图02.jpg"、"图03.jpg"、"图04.jpg"、"图05.jpg"素材文件，分别调整位置后单击"对齐"面板中的"水平居中对齐和水平居中分布"按钮，效果如图11-45所示。

图11-45

04 在"描边"面板中设置"粗细"为2点，效果如图11-46所示。

图11-46

05 使用 T（文字工具）输入文字，设置"字体"为"微软雅黑"、"大小"为10点，效果如图11-47所示。

图11-47

06 在文字下方使用 ╱（直线工具）绘制一条灰色直线，设置"粗细"为2点、"类型"为"圆点"，效果如图11-48所示。

图11-48

07 使用 T（文字工具）输入文字，设置"字体"为"微软雅黑"、"大小"为12点和10点，效果如图11-49所示。

图11-49

中文版Photoshop+inDesign商业案例项目设计完全解析

08 置入附带的"拐三角.png"素材文件，复制多个副本移动到文字前面，效果如图11-50所示。

图11-50

09 置入附带的"快速搜索.png"素材文件，使用 ▲（选择工具）调整大小和位置，效果如图11-51所示。

图11-51

10 置入附带的"搜索.png"素材文件，使用 ▲（选择工具）调整大小和位置，效果如图11-52所示。

图11-52

11 使用 T.（文字工具）输入文字，设置"字体"为"微软雅黑"、"大小"为12点和9点，效果如图11-53所示。

图11-53

12 复制圆点虚线，将其移动到搜索文字下方，使用 ▲（选择工具）调整长短，效果如图11-54所示。

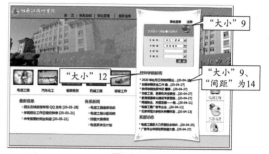

图11-54

13 复制圆点虚线，将其移动到搜索文字下方，使用 ▲（选择工具）调整长短，效果如图11-55所示。

图11-55

14 使用 T.（文字工具）在版权区输入文字，置入附带的"花.png"素材文件，使用 ▲（选择工具）调整框架大小，效果如图11-56所示。

图11-56

15 至此，本案例制作完成，效果如图11-57所示。

图11-57

11.7 商业案例——篮球网页

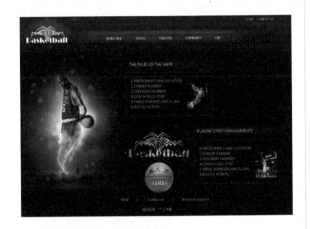

11.7.1 篮球网页的设计思路

篮球网页属于运动网页，在设计时可以在场景、运动人物、运动器械等方面着手，在网页中能够一眼就可以看出是运动类型的网页。

本案例是一个篮球运动网页，在页面中直接引用了一张篮球巨星的人物和篮球图片，让其作为本网页的主题图像，背景中以黑色作为背景色，可以让此类运动网页看起来更加的高端、大气，可以给浏览者一种非常舒服的感觉。网页中的导航区域以图标和文字按钮作为辅助，充分起到导航的作用，中间部分按分组布局的方式进行图像和文字的摆放。本案例的设计，正好符合篮球类型运动网页的设计风格。

11.7.2 配色分析

本案例中的配色以黑色为主，加上深红和人物粉紫色区域的图像，让整个画面在配色上显得非常的有潮流。用于点缀布局的文本和边框以白色加深红的配色方式，可以让此页面看起来有一种活力、大气的感觉，给浏览者的印象也是非常吸引人的，如图11-58所示。

C:69 M:4 Y:1 K:0 R:122 G:19 B:0 # 7a1300	C:9 M:100 Y: 0 K:25 R:180 G:0 B:107 # b4006b	C:0 M:0 Y:0 K:0 R:255 G:255 B:255 #FFFFFF	C:0 M:0 Y:0 K:100 R:51 G:44 B:43 #332C2B

图11-58

图11-58

11.7.3 构图布局

本案例中的网页在布局上属于左右框架型，具体的布局以分组布局的方式进行构图，整个画面在布局上，以左右侧为重，加上修饰的文字、图形，使整个画面看起来非常的饱满，如图11-59所示。

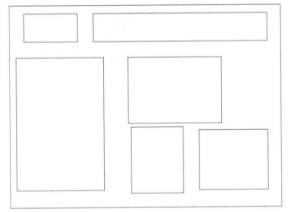

图11-59

11.7.4 使用Photoshop制作篮球网页背景部分

■ 制作流程

本案例主要了解使用■（渐变工具）填充背景，绘制矩形、直线后使用▨（橡皮擦工具）编辑图像，移入素材后合并图层，创建调整图层调整图像，为图层添加图层蒙版并进行编辑，具体流程如图 11-60所示。

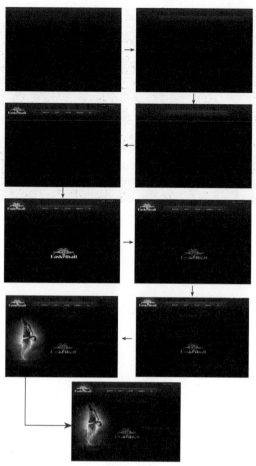

图11-60

■ 技术要点

> 新建文档填充渐变色；

> 绘制矩形、直线；

> 使用"橡皮擦工具"编辑图层；

> 添加图层蒙版；

> 使用"渐变工具"和"画笔工具"编辑蒙版；

> 调整不透明度；

> 创建"亮度/对比度"和"色相/饱和度"调整图层；

> 使用"画笔工具"绘制预设画笔。

■ 操作步骤

① 启动Photoshop CC软件，新建一个1000×700像素的空白文档。使用 ■（渐变工具）在页面中从上向下拖曳填充C:53、M:100、Y:100、K:41到C:0、M:0、Y:0、K:100的线性渐变，效果如图11-61所示。

② 新建一个图层，使用 ▥（矩形选框工具）绘制一个矩形选区，将其填充为C:37、M:100、Y:100、K:3的颜色，如图11-62所示。

图11-61　　　　　图11-62

③ 按Ctrl+D组合键取消选区。选择 ◢（橡皮擦工具），在属性栏中设置"硬度"为0、"不透明度"为50%，在绘制的红色矩形上涂抹，效果如图11-63所示。

图11-63

> 温馨提示

如果觉得使用 ◢（橡皮擦工具）直接擦除图像效果不好，可以为图层添加图层蒙版，再对蒙版进行编辑，这样可以反复的调整。

④ 新建一个图层，使用 ╱（直线工具）绘制一条颜色为C:0、M:41、Y:19、K:0的直线，使用 ◢（橡皮擦工具）将两边擦除，效果如图11-64所示。

⑤ 新建一个图层，选择 ◯（椭圆选框工具），设置"羽化"为5，在页面中绘制一个椭圆选区，将其填充为白色，如图11-65所示。

图11-64　　　　　图11-65

⑥ 按Ctrl+D组合键取消选区，使用 ▥（矩形选框工具）在椭圆下半部分绘制一个矩形选区，按Delete键清除选区内容，设置"不透明度"为33%，效果如图11-66所示。

⑦ 按Ctrl+D组合键取消选区，按Ctrl+E组合键两次，向下合并两个图层，单击 ▣（添加图层

蒙版）按钮，为图层添加一个图层蒙版，使用 （画笔工具）在两边涂抹黑色，效果如图11-67所示。

图11-66

图11-67

08 打开附带的"标.png"、"导航01.jpg"、"导航02.jpg"素材文件，使用 （移动工具）分别将其拖曳到新建文档中，效果如图11-68所示。

图11-68

09 使用 T.（横排文字工具）在标下面输入英文，"字体"设置为Broadway，效果如图11-69所示。

图11-69

10 将文字图层和标所在的图层一同选取，按Ctrl+E组合键将两个图层合并，效果如图11-70所示。

图11-70

11 选择 （多边形套索工具），设置"羽化"为10，在页面中绘制一个封闭选区，效果如图11-71所示。

图11-71

▶ 温馨提示

使用 （多边形套索工具）绘制选区如果感觉不规则，可以使用 （钢笔工具）先绘制路径，再将其转换为选区。

12 单击"图层"面板底部的 （创建新的填充或调整图层）按钮，在弹出的下拉菜单中选择"亮度/对比度"命令，打开"属性"面板，在其中设置参数值，效果如图11-72所示。

图11-72

13 复制合并的图层，得到一个副本，并将其调大，在"图层"面板中将其拖曳到最顶层，如图11-73所示。

图11-73

14 打开附带的"篮球.jpg"素材文件，将其拖曳到新建文档中，设置图层混合模式为"线性加深"，效果如图11-74所示。

图11-74

15 新建一个图层，使用 ▣（矩形工具）绘制灰色矩形，使用 ▨（橡皮擦工具）擦除边缘，然后复制一个副本，效果如图11-75所示。

图11-75

16 打开附带的"篮球巨星.png"素材文件，将其拖曳到新建文档中，单击 ▣｜（添加图层蒙版）按钮，为其添加一个图层蒙版，使用 ▣（渐变工具）和 ▨（画笔工具）对蒙版进行编辑，效果如图11-76所示。

17 单击 ◐.（创建新的填充或调整图层）按钮，在弹出的下拉菜单中选择"色相/饱和度"命令，打开"属性"面板，在其中设置参数值，效果如图11-77所示。

图11-76

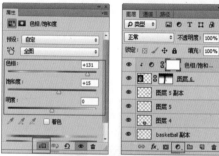

图11-77

18 新建一个图层，使用 ▨（画笔工具）绘制散布叶片。至此，本案例篮球网页图像部分制作完成，效果如图11-78所示。

图11-78

11.7.5　使用InDesign制作篮球网页

■ 制作流程

本案例主要利用绘制图形后置入素材并调整大小，绘制边框设置"描边"颜色和"粗细"输入文字完成制作，具体流程如图11-79所示。

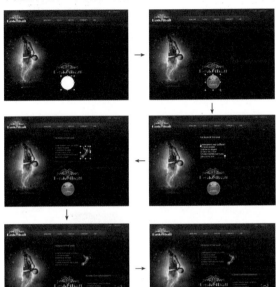

图11-79

■ 技术要点

➢ 使用"椭圆工具"绘制正圆形；

➢ 使用"置入"命令置入素材；

➢ 使用"矩形工具"绘制矩形边框；

➢ 输入文字。

■ 操作步骤

01 启动InDesign CC软件，新建一个空白文档，设置"页数"为1、"宽度"为353毫米、"高度"为247毫米、"出血"为0毫米，单击"边距和分栏"按钮，在弹出的"新建边距和分栏"对话框中，设置"边距"为0，设置完成后，单击"确定"按钮，新建文档如图11-80所示。

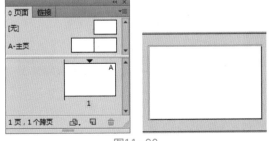

图11-80

02 选择第1页面，执行菜单"文件|置入"命令，置入刚才使用Photoshop制作的篮球网页图像部分，调整其在页面中的位置，如图11-81所示。

03 选择置入的图像，执行菜单"对象|锁定"命令，将其锁住，使用 ⬭（椭圆工具）绘制一个正圆形，再执行菜单

图11-81

"文件|置入"命令，置入附带的"篮球.jpg"素材文件，使用 ▸（直接选择工具）调整素材在正圆框架内的大小和位置，效果如图11-82所示。

图11-82

04 使用 T（文字工具）输入文字，设置"字体"为"微软雅黑"、"大小"为13点和12点，效果如图11-83所示。

图11-83

05 使用 ▯（矩形工具）绘制一个红色的矩形框，设置"粗细"为2点，效果如图11-84所示。

图11-84

06 置入附带的"篮球巨星02.png"素材文件，使用 ▸（选择工具）调整大小和位置，效果如图11-85所示。

07 将文字、矩形框和图片进行复制，移动到右下

角处，更改文字，在"链接"面板中重新链接一张图片，效果如图11-86所示。

08 使用 T.（文字工具）输入文字。至此，本案例制作完成，效果如图11-87所示。

图11-85

图11-86

图11-87

★★★★

11.8 优秀作品欣赏